我们一起解决问题

AI大模型安全观

通用人工智能的应用场景、安全挑战与未来影响

秘蓉新　翟　尤◎著

人民邮电出版社
北　京

图书在版编目（CIP）数据

AI大模型安全观 ：通用人工智能的应用场景、安全挑战与未来影响 / 秘蓉新，翟尤著. -- 北京 ：人民邮电出版社，2023.7
ISBN 978-7-115-62276-1

Ⅰ. ①A… Ⅱ. ①秘… ②翟… Ⅲ. ①人工智能－安全技术－研究 Ⅳ. ①TP18

中国国家版本馆CIP数据核字(2023)第124687号

内 容 提 要

本书首先简要介绍了ChatGPT与自然语言大模型的基本概念，以及GPT-4的核心技术特点和人工智能技术未来的发展趋势；之后介绍了数字化时代的基础安全问题，以及大模型和ChatGPT在内容安全、网络安全、隐私安全、版权合规和伦理道德等方面带来的新挑战、新风险，如生成内容的准确性问题、作品训练的版权问题等，并从人工智能技术的监管角度给出了一些策略建议；最后深入地分析了如何客观看待ChatGPT给如今的经济社会所带来的各种影响，我们该如何与新兴的人工智能技术和谐相处。

本书适合人工智能相关企业从业人员、网络安全监管部门人员以及人工智能相关专业的研究人员参考阅读。

◆ 著 秘蓉新 翟 尤
责任编辑 王飞龙
责任印制 彭志环
◆人民邮电出版社出版发行 北京市丰台区成寿寺路11号
邮编 100164 电子邮件 315@ptpress.com.cn
网址 https://www.ptpress.com.cn
大厂回族自治县聚鑫印刷有限责任公司印刷
◆开本：880×1230 1/32
印张：8 2023年7月第1版
字数：150千字 2023年7月河北第1次印刷

定 价：69.80元

读者服务热线：（010）81055656 印装质量热线：（010）81055316
反盗版热线：（010）81055315
广告经营许可证：京东市监广登字20170147号

前　言

我们正处于以数字技术为引领、以人工智能为趋势的全新发展范式中。当网络信息社会步入高速发展阶段，数字经济快速崛起时，人工智能便成为了社会关注的焦点。

2023年以来，ChatGPT和大模型技术引发全球关注，人工智能不再是离日常生活很远的科技话题，而是成了每个人在工作和生活中都可以使用的工具。甚至有专家推断，在未来社会中不会使用ChatGPT的人，将如同当前不会使用互联网和智能手机的人一样，在智能社会里寸步难行。在惊叹人工智能技术快速发展的同时，我们也需要更加关注人工智能带来的安全挑战，为此我们希望这本书能够让读者更加客观、全面地认识ChatGPT和大模型，以及它们给安全带来的机遇和挑战。

在第1章，我们对ChatGPT进行了全面的分析解读，介绍了 ChatGPT 的基本特征和技术创新点，尤其是对 ChatGPT 底层的大模型技术进行了深入的分析，并且回答了为何 ChatGPT 可以轻松地与人交流，未来科技创新的风口在哪里，以及针对个人来讲，如何把握住这次人工智能的发展浪潮。我们希望通过这一章的讲解能够让大家对 ChatGPT 和大模型有一个全面的了解，不但知道它们的优势，同时也能发现它们的不足。

在第 2 章，我们重点介绍了 GPT-4。作为 OpenAI 最新推出的自然语言大模型，GPT-4 不但开启了新的发展历程，而且有望成为通用人工智能发展的初级阶段。但是拉长时间线来看，GPT-4 也只是人工智能发展历程的一个节点，我们需要更加客观地看待它的价值。

在第 3 章，我们帮助大家梳理了大模型[1]的发展历程，尤其是自然语言大模型是如何进入大众视野的。在这一章，我们分析了 Transformer 的注意力机制（Attention）以及 OpenAI 这家当前广受关注的公司。同时，我们结合当前业内关注的焦点，

[1] 大模型也被称为大规模预训练模型（Large Pre-trained Language Model），其核心特点是在大规模无标注数据上进行训练，学习出一种特征和规则。基于大模型进行应用开发时，使用者可以对大模型进行微调（在小规模有标注数据集上进行二次训练），也可以不进行微调，就可以完成多个应用场景的任务，实现通用的智能能力。

重点分析了大模型创新过程中大众普遍关心的 4 个问题。

在第 4 章，我们分析解读了人工智能时代的安全挑战，着重强调了在数字世界中，安全是经济社会平稳运行的基石，而数字技术的发展是一把双刃剑，一方面提升了我们的工作和生活质量，另一方面也让网络攻击者可以利用新的技术工具对基础设施、民生事业开展更加复杂的攻击，这种攻击不但带来了更大范围的破坏，还将引发新的安全挑战。

在第 5 章，我们重点分析了大模型带来的安全挑战。事实上 ChatGPT 只是一款人工智能产品，其底层的大模型才是这轮人工智能发展的关键所在。但是大模型并非完美无缺，它不但经常使 ChatGPT“一本正经地胡说八道”，还面临诸多困难和挑战，以至于“深度学习之父”辛顿也对大模型的发展频频发声，担忧其安全风险以及可能给人们带来的危害。

在第 6 章，我们分析了 ChatGPT 带来的安全风险。本章重点分析了网络安全、个人隐私保护、版权保护、伦理风险等领域。尤其是在网络安全领域，我们已经发现 ChatGPT 在降低网络攻击门槛、网络诈骗、恶意代码、数据泄露等方面暴露出了诸多问题和挑战，这为后续安全人员和监管部门制定相应的政策措施提供了实践依据。

在第 7 章，我们从另外一个角度分析如何利用 ChatGPT 来提升安全防护能力。事实上，技术没有对错之分，如何发挥其作用主要在于使用它的人。所以，如果把 ChatGPT 应用到网络安全防护上，也可以有效地帮助网络防护人员提升工作效率，更快地发现潜在安全风险，提升安全能力。

在第 8 章，我们从整个行业的角度来分析 ChatGPT 对经济社会的影响，重点聚焦 ChatGPT 的局限性、引发的思考等，帮助大家更加客观、深入地理解这轮人工智能发展浪潮的关键点，避免人云亦云，甚至迷失其中。在这一章，我们还分析解读了国内科技公司已经推出的大模型，帮助大家厘清国内外大模型发展的不同点。

人工智能的发展不是一蹴而就的，目前通过多种类型大数据的不断积累和综合利用，大模型算法的不断升级，人工智能有了质的飞跃。每一寸的进步都需要日拱一卒的努力，同时各种不确定性问题也在叠加。

2023 年 7 月，国家互联网信息办公室联合其他部委正式发布了《生成式人工智能服务管理暂行办法》，这也是国家首次针对当前的生成式人工智能领域发布规范性政策。我国人工智能技术的发展目前属于国际第一梯队，在科研上基本覆盖了大部分细分领域，总体发展进程与欧美国家同步。在市场规模方面，截至 2022 年，我国人工智能产业规模已达到约 3500 亿元，巨大的市场规模与主体数量也为我国人工智能产业的创新带来了无限可能和机遇。当下，虽然我们理想中的人工智能尚未实现，但通用人工智能无疑将成为未来人工智能的发展趋势。

在未来，更高级别的通用人工智能的实现，将带来人工智能产品和技术的巨大突破，对人类社会产生深远影响。我们正处于一个不断向前的人工智能时代，也是不断探索未知的人工智能时代。

希望我们每个人都能成为此轮人工智能发展浪潮中的弄潮儿。

目　录

第 1 章

ChatGPT 到来，通用人工智能备受关注

2023 年称得上是“世界人工智能革命之年”，ChatGPT 在国际国内备受关注。这个聊天机器人因其强大的信息检索能力、内容生成能力、人格化社交能力，被业界视为具有改变世界的潜能。如今的 ChatGPT 俨然已成为人工智能技术未来的主流发展方向，各大行业都在密切关注，国内外有实力的科技公司都在加紧开发自己的同类产品。那么，ChatGPT 为什么会引发国内外各方如此高度的关注呢？我们在本章来详细分析一下。

1.1 ChatGPT 会成为人工智能的拐点吗

1.1.1 引发全球关注的 ChatGPT

ChatGPT（Chat Generative Pre-trained Transformer）是美国硅谷一家名为 OpenAI 的公司开发的人工智能聊天机器人程序。

它可以用高度拟人化的交流方式，生成十分自然的回复。与传统意义上的人机对话系统相比，ChatGPT 是一个以自然语言为交互方式的通用语言处理平台。除了对话，ChatGPT 还可以进行文学、媒体领域的创作，在某些测试情境下在教育、考试等方面的表现优于普通人类测试者。ChatGPT 基于 OpenAI 在 2020 年发布的 GPT-3.5 模型，在应用层进行了强化训练，提高了对话质量。因此，有专家称 ChatGPT 是“首款面向消费者的人工智能应用”。

ChatGPT 具有很强的反馈性学习能力，具备一定的联想能力和记忆能力。2022 年，该应用上线不到一周，使用量就突破了 100 万人次；上线两个月，使用量超过 1 亿人次。

ChatGPT 不仅能够满足回答问题、撰写代码、书写论文等需求，而且通过了美国明尼苏达大学法律与商业研究生考试和沃顿商学院的商业管理考试。比尔 · 盖茨也评价说：“ChatGPT 这种人工智能技术的出现，其历史意义不亚于互联网和个人计算机的诞生。”同时，微软宣布将 ChatGPT 等应用整合到旗下所有产品中。国内的互联网公司也开始纷纷入局，着手推进大模型研发和相关业务落地。表 1-1 梳理了 GPT 系列构架发展的技术里程碑。

表 1-1 GPT 系列架构基本情况

时间	企业	事件	备注
2017 年 6 月	谷歌	发表关于 Transformer[1] 的论文	
2018 年 6 月	OpenAI	发布 GPT-1	使用无监督的预训练模型
2018 年 11 月	谷歌	推出 BERT 模型，成为自然语言处理（Natural Language Processing，NLP）领域的主要研究框架	
2019 年 2 月	OpenAI	发布 GPT-2	
2020 年 5 月—6 月	OpenAI	发表 GPT-3 的相关论文和相关 API 接口	
2020 年 9 月	OpenAI	发布 ChatGPT 关键原型算法的相关论文	
2021 年 7 月	OpenAI	公布 Copilot 原型算法	
2021 年 8 月	OpenAI	发布 Codex API	
2022 年 1 月	OpenAI	发布 GPT-3.5 API（Text-davinci-002），推理能力显著提升	经过 Github 代码训练
2022 年 3 月	OpenAI	发表关于 GPT-3.5 的论文，公开 Alignment 算法	

[1] Transformer 是一种基于注意力机制（Attention）的深度学习模型，最初用于处理序列到序列（sequence-to-sequence）的任务，比如机器翻译。由于具有优秀的性能和灵活性，它现在被广泛应用于各种自然语言处理（NLP）任务。Transformer 模型最初由阿施施·瓦斯瓦尼（Ashish Vaswani）等人在 2017 年的论文《注意力机制拥有你需要的一切》（*Attention is All You Need*）中提出。

（续表）

时间	企业	事件	备注
2022 年 5 月	OpenAI	Codex 已经被 70 多个应用使用	
2022 年 8 月	Stability AI	开源 Stable Diffusion	
2022 年 11 月	OpenAI	正式对外发布 ChatGPT	
2023 年 1 月	微软	宣布投资 OpenAI 上百亿美元	

在能力表现上，ChatGPT 具有主动承认错误、质疑不正确的问题、承认自己回答不准确、支持多轮对话等功能。尤其是 ChatGPT 在对话过程中会记住使用者与其之前对话的内容，从而具有理解上下文的能力，极大地提升了对话交互的用户体验，让使用者眼前一亮。《自然》杂志（*Nature*）曾通过在线问卷的形式，对 600 多位读者进行调查（见图 1-1），调查问卷结果显示，有 22.3% 的人每周使用 ChatGPT 或者类似的 AI 工具一次及以上。

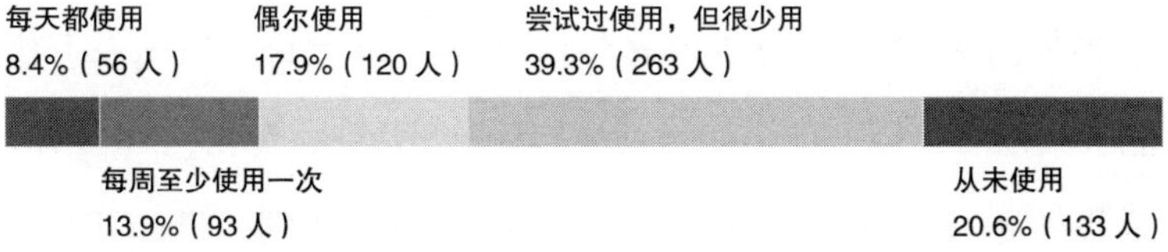

图 1-1　使用人工智能工具的频率调查结果

更进一步，麻省理工学院的施柯德·诺依（Shaked Noy）

和惠特尼·张（Whitney Zhang）两位教授牵头，组织了 444 名白领参与一项社会实践，以测试 ChatGPT 在提升生产力方面的表现如何。测试结果被总结成了论文，参加测试的人员被均等地分为两个对照组，其中 A 组被允许在工作的时候使用 ChatGPT，包括撰写报告、分析财务数据、整理素材等；B 组则被禁止在工作中使用 ChatGPT。两组测试人员的工作完成之后，其提交的文档被交给独立的考核团队进行质量评估。结果显示，使用 ChatGPT 的 A 组完成工作的平均时间为 18 分钟，B 组则平均花费了 27 分钟。按照每天 8 小时工作制来换算，ChatGPT 可以帮助这类员工提升 33% 的生产力。同时，在质量方面，考核团队对 A 组的打分平均为 4.5 分，B 组则是 3.8 分。可以看出，ChatGPT 输出的结果也提高了使用者的工作质量。

具体到文本类的工作，大体可以分为内容构思、撰写草稿、修改润色。未使用人工智能工具时，这三项工作分别平均耗时 7 分钟、15 分钟、5 分钟，总时长需要约 27 分钟。使用人工智能工具以后，这三项工作分别平均耗时 3 分钟、7 分钟、8 分钟，总共花费 18 分钟，如图 1-2 所示。我们可以看到，ChatGPT 在内容构思、撰写草稿方面可以大幅缩减耗时，为写作者提供帮助，提高效率。不过，同时我们也发现，使用人工智能工具之前，修改润色所需要的时间占比相对较短，而使用人工智能工具以后，人们花在修改润色上面的时间要多于之前。毕竟，人工智能工具提供的素材、语序不一定是写作者完全喜欢的，人们需要对这些基础素材进行二次加工，变成属于自己的内容。

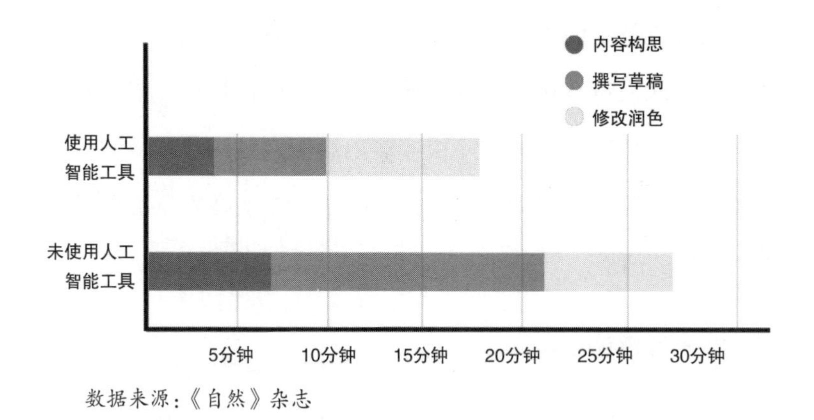

图 1-2　使用人工智能工具与否在写作工作方面耗费时长的对比

1.1.2　ChatGPT 的显性优势

大家应该对聊天机器人并不陌生，Siri、小冰等都是很受欢迎的聊天机器人。ChatGPT 之所以激发了大家的好奇心，主要在于 ChatGPT 的能力远远超出了人们的预期，甚至在一些问题的回答上不但比搜索引擎更高效，而且答案涵盖的知识面比普通人所学的还要广。总的来说，ChatGPT 有以下优势。

1. 交互简单

ChatGPT 可以解析自然语言输入，理解用户的意图，并根据用户的要求提供相应的反馈。这种方式不需要用户了解任何编程语言或特定的指令。这样简单的交互方式，使得它的用户从专业技术人员直接扩展到普通民众，受众面极广。没有编程能力的人也可以使用该程序快速输出属于自己的作品，这一点对大众来说极具吸引力。可以说，ChatGPT 从技术层面降低了程序创作的门槛。

2. 应答流畅

ChatGPT 交互界面极其简单，用户打开界面、输入问题就可以很快得到答案。这一策略对于 ChatGPT“出圈”有较大帮助。回顾过去几年，互联网上的现象级产品都是极简主义的典型代表。同时，ChatGPT 可以根据用户的历史对话记录和个人信息来提供个性化的响应。这种方式可以使 ChatGPT 更加人性化，增强用户的归属感和满意度。尤其是可以记住之前的对话内容，并在后续的交互中使用这一点，意味着 ChatGPT 能够基于上下文提供更有意义的回应，从而使对话如同人类之间的对话一般连贯和流畅。

3. 理解智能

大众对一个智能体的理解，其核心要义是它要“像一个人”，类似于我们说家养的宠物容易“通人性”。这是一种典型的上帝视角，我们潜意识里认为人类是最聪明的，所以宠物或者机器具有某些“像人”的特征后，我们就会认为它聪明、可爱、值得交往。

ChatGPT 的一大特点就是交互方式智能，看起来“像人”，所以人类更容易认同它的价值。不过，需要指出的是，ChatGPT 的表现并不能说明人工智能有了“心智”，ChatGPT 表现出来很强的“创造性”是因为自然语言语料中包含了语义、逻辑，模型在训练过程中找到了这些内容在统计学意义上的对应关系，所以人工智能看起来似乎“开窍”了，但实际上只是在统计学意义上符合我们的认知理念而已。

4. 发布策略

据报道，OpenAI 在 2022 年年中的时候就向微软的高层演示了 ChatGPT，这为后续微软愿意投资上百亿美元，在微软全线商业体系中加入 ChatGPT 奠定了基础。很显然，这样的决定一定要有充足的准备，并非临时起意。这里面既要有对技术的积累，又要对现有产品实现无缝对接，因此有理由相信，

OpenAI 发布 ChatGPT 的时间以及微软的整体策略是经过多轮评估之后确定的。

对于底层操作系统、复杂的云架构设计等，ChatGPT 还难以独立实现。对于软件设计开发，ChatGPT 可以提供更多支持，完成部分基础工作，这对软件行业的发展其实是有利的，可以让更多参与者进入该领域，投资也会更加广泛，对人类的创造性也是巨大的释放。因此 ChatGPT 不适合做从 0 到 1 的创新与应用，更适合聚焦从 1 到 N 的项目，帮助用户在搜索信息之后做二次加工，如总结、分类、纠错或者是模糊推理下的创作，即对创作精度要求不高的领域。ChatGPT 在这些领域会有更加广阔的发挥空间，可以为用户提供一些支持方案。截至 2023 年 2 月，亚马逊平台上已经有超过 200 本 ChatGPT 署名创作的图书。从事销售工作的布雷特 · 希克勒，利用 ChatGPT 在数小时之内完成了一本 30 页的儿童读物《聪明的小松鼠：储蓄和投资的故事》，该书在 2023 年 1 月通过亚马逊平台出售，电子版售价为 2.99 美元，纸质版售价为 9.99 美元，截至同年 2 月底，已经帮助作者赚取了上百美元。

ChatGPT 就像初生时期的汽车、电话或者互联网，正在以前所未有的速度让原本分散的各领域自然语言处理算法“飞入寻常百姓家”，影响到几乎所有人。可以说，人工智能已经不是现实世界的简单复刻，而是人类想象力的延伸。ChatGPT带来的新特点使得人与计算机之间的交互更加自然、智能、高效和个性化。这种方式可以提高用户的满意度和归属感，促进数字化转型和智能化发展。有专家曾经形象地比喻说："如果说传统的机器学习或者人工智能是在水下1米的深度进行探索，那么深度学习的出现将我们带到了100米的深水区，而GPT等架构的出现和广泛应用，将使用户可以直接抵达马里亚纳海沟，在万米海底进行自由探索。"

1.1.3 ChatGPT的前世今生

ChatGPT的出现并非一蹴而就，其背后有着大量的技术和工程积累。因此，回顾ChatGPT的底层技术创新历史（见表1-2），可以让我们更加全面地理解ChatGPT为生成式人工智能作出了那些贡献。

表1-2 深度学习技术发展的关键点

范式	时间	工程技术
基于非神经网络的有监督学习	2015年之前	特征工程（Feature Engineering）
基于神经网络的有监督学习	2013—2018年	架构工程（Architecture Engineering）

（续表）

范式	时间	工程技术
预训练小模型 + 目标任务	2018—2019 年	目标工程（Objective Engineering）
大模型 + 提示词 + 生成式	2020 年至今	提示词工程（Prompt Engineering）

1. 标记数据驱动监督学习阶段

深度学习是驱动当前人工智能领域发展的一个关键因素，2012 年，基于标注数据驱动的深度学习模型，推动人工智能技术不断提升，并且在计算机视觉和语音识别领域获得了商业上的成功。但这一时期，人工智能的发展受限于标注数据的数量，需要人工进行打标签，来告诉机器什么是狗、什么是青蛙。随着模型参数逐渐增多，需要求解大量模型参数，因此，相应地需要足够多的训练数据作为约束。但是获得足够多的标注数据成本较高，尤其是模型参数达到亿级之后，标记数据的容量难以有效提升，这限制了监督学习模型的规模发展和应用范围。

2. 自监督预训练大模型阶段

2017 年，随着 Transformer 的出现，自监督预训练的思想开始为大家所接受。Transformer 的注意力机制无须标注数据，仅仅利用文本语料就可以对模型进行训练。这一理念的提出，使海量的互联网优质语料不需要进行人工标记，就可以用于训练，使得训练数据量大大增加。Transformer 作为之后很多模型的基础，其注意力机制让机器可以像人一样快速找到句子里的关键词，达到“一目十行”的效果，利用大量非标注数据完成自主训练得以实现。

2019 年，基于海量互联网数据以及大模型的自主训练，BERT 模型的效果远远超过以往其他的数据模型，并且在不同任务之间具有较好的通用性。

OpenAI 也是 Transformer 的受益者。2018 年，OpenAI 推出 GPT-1，其也是利用自监督预训练的理念来训练文本生成内容，主要包含两个阶段：第一阶段是先利用大量无标注的语料预训练一个语言模型；第二阶段是对预训练好的语言模型进行精调，将其迁移到各种有监督的任务上。

但是 GPT-1 的效果并不够惊艳，甚至可以说平平无奇。不过 OpenAI 并未放弃，在 BERT 出现后不久，就对外发布了 GPT-2，此时 GPT-2 的模型大小和训练数据规模较 GPT-1 有了不小的提升。2020 年 7 月，GPT-3 正式对外发布。在使用这个通用语言模型时，用户只需要提出一段简单的描述，说明想要生成的内容，就可以在没有重复训练的情况下，生成可以执行的代码、网页或者图标，甚至完成诗歌的撰写和音乐创作。

因此，自监督预训练技术使得可用来训练的数据呈现几何式增长，在海量数据的加持下，模型的规模也开始出现指数级的提升，目前一些模型的参数已经达到万亿级。“Transformer+GPT+ 互联网无标注数据”让模型变得可规模化。至此，基于自监督预训练的模型迈入了通用大模型的时代。

在 GPT-3 出现后的几年时间里，人工智能的一个重要研究方向就是把多模态统一到一个模型当中，即尝试把图像、文本、语音等不同的数据统一标识在一个模型里面。其中，CLIP 模型实现了文本和图像的衔接。在内容生成领域，扩散模型的出现使得人工智能生成内容的功能为人们所熟知，尤其是文本生成图像的功能有了很多实质性的进展。甚至有人把 AIGC（Artificial Intelligence Generated Content，即人工智能生成内容）直接当作文字生成图像的代名词。这一时期，DALL · E 2、Stable Diffusion 的出现，正是基于扩散模型和 CLIP 在文本 - 图像领域的海量数据，从而构建起了文本和图像语义之间的对应关系。其生成的结果非常惊艳，甚至让很多人认为人工智能可以进行自主“创新”了。

3. 大模型基础上的垂直领域突破阶段

2022 年 11 月，ChatGPT 的出现让我们体验到了不一样的地方。作为一个通用聊天机器人，用户可以用平常与朋友交流的口吻和 ChatGPT 进行交流，而且 ChatGPT 能够持续多轮进行流畅沟通。ChatGPT 的技术突破，是在自监督预训练模型的基础上，结合基于少量优质数据反馈的强化学习技术，形成模型和数据的闭环反馈来实现的。其中的商业价值在于，对以搜索引擎为首的应用和产品加以重构，这将给整个自然语言技术领域带来收益，并且将扩散到生命科学、自动驾驶等多个应用领域。

需要指出的是，ChatGPT 不是一两个研究人员所做的算法突破，它的发展需要足够多的资源支持，如深度学习训练的技术发展、高端人才的集群，同时结合工程创新能力，发展到今天才孕育出最终的应用突破。现阶段，大家倒不必高估 ChatGPT 短期的表现，但是在未来，它的长期价值不容小觑。

额外知识

监督学习是一种机器学习的方法，是指对带有正确答案的训练数据进行学习，并输出结果。举个例子，如果你想训练一个模型，让其识别不同类型的动物，那么在监督学习模型中，你需要提供大量带有标签的动物图片，每张图片都要被人工标注这是哪种动物，如小猫或者小狗。然后，你的模型会根据这些训练数据来学习如何识别不同种类的动物。类似的应用还有短视频，当你在给短视频点赞、转发、留言的时候，实际上就是在给这类内容打标签，告诉模型你喜欢这一类型的视频，后续模型会根据你的观看时长、点赞等内容来做重点推送。

无监督学习是另一种机器学习的方法，不需要我们提供带有正确答案的训练数据。相反，它只需要一大堆原始输入数据，然后通过对数据的分析来发现数据之间的关系和模式。例如，我们给模型输入大量没有标记的图片，让它通过无监督学习训练模型发现这些图片中出现最多的特征，可以是颜色或者形状。模型可能会发现许多图片都是圆形的，而且大部分图片都是绿色的，从而得出它的结论。

强化学习则是通过试错和反馈机制让模型学习如何完成任务。强化学习的目标是通过反复尝试来找到最优解，从而让模型在完成任务时获得最大的奖励。例如，你要训练一个模型来玩俄罗斯方块。在强化学习中，你的模型会不断尝试移动方块，直到完成一个得分最高的游戏结果。

在这个过程中，模型每次移动方块都会得到反馈，可能是奖励也可能是惩罚。通过不断尝试和反馈，你的模型可以学习如何完成这个任务，从而获得最大的奖励。

1.1.4 构建 ChatGPT 的三大要素

人工智能的发展离不开数据、算法和算力的支持。从这三个方面来看，ChatGPT 有以下特点和优势。

1. 数据

ChatGPT 在 3000 亿单词的语料上预训练模型，其中训练语料有 60% 来自 2016—2019 年的 C4（Colossal Clean Crawled Corpus）语料库，而 C4 是当前全球著名的网络文本语料库之一。有 12% 的语料来自 WebText2，包括谷歌、电子图书馆、新闻网站、代码网站等丰富的网页文本，其余的训练语料则来自各类图书、维基百科等。很明显，从数据方面来看，ChatGPT 的“学习资料”主要来自各类用户生成的内容。同时，ChatGPT 引入了代码数据。代码是一种逻辑较为严谨的文本，并且函数之间的调用关系本质上是将复杂问题拆解为多个小问题，因此引入代码数据来训练模型可以有效提升模型的思维链能力。

从 2012 年深度学习技术诞生开始，大家就尝试把更多的算力和数据灌入一个模型，让人工智能具有更强的能力，目前全球主要人工智能研究机构依然在这一逻辑的指引下开展工作。同时，人类大脑有较多的神经元和神经突触，其中人脑的神经元超过 1000 亿，神经突触大约有几万亿个。当前 ChatGPT 的参数已经超过 1000 亿，这个数量与人脑神经元数量基本接近。在数据方面，ChatGPT 拥有一个巨大的先发优势——通过对外开放可以收集大量用户的使用数据，这些数据弥足珍贵。这就像滚雪球，只要 OpenAI 依然保持较好的发展水准，那么雪球只会越滚越大，后发者难以追上。同时为了避免 ChatGPT 输出有害信息，OpenAI 请印度、肯尼亚的标记公司来标记样本中的有害信息，从而避免这些信息成为模型的训练数据，这也是 OpenAI 多年以来建立的数据壁垒。

2. 算法

交互是一种学习手段而不仅仅是应用。在大模型训练中，当模型参数达到一定规模之后，人的反馈价值远超模型参数和计算量的价值。ChatGPT 的核心进展是与人的协同和交互学习能力提升，而不只是模型变大，这对产品创新、人机协同创新、知识发现意义重大。提升人工智能系统的协同与智能交互能力，让人工智能以交互学习的方式理解人的意图、做复杂推理，通过协同让人更擅长做决策，这是未来人工智能的发展方向。具体来看，ChatGPT 基于人类反馈强化学习（Reinforcement Learning from Human Feedback, RLHF）算法，具备理解上下文关系（即语义推理）的能力，从而生成相应的回答，同时能够不断学习新的知识，更新模型参数，以适应不断变化的语言环境和应用场景。复旦大学的邱锡鹏教授将这一训练过程总结为三个步骤。

第一步，研发人员从指令集中采样指令作为输入数据。这些数据中包含大量人类真实意图。同时，OpenAI 聘请标注人员根据收集到的用户需求撰写高质量的范本，从而向机器示范什么样的回复更符合人们的期望和需求。这部分数据是一个高质量的小数据集。数据收集完成后，研发人员使用 GPT-3.5 在该数据集上进行有监督的微调。

第二步，对微调后的模型进行"考试"。研发人员再次从指令集中向模型输入数据，并对输出的结果进行好坏排序。通过大量数据的输入，标注人员可以对模型输出进行打分排序，得到这些人工标注的输出顺序之后，研发人员就可以训练得到一个打分模型。

第三步，在获得打分模型之后，接着从指令集中采样新的指令作为输入数据，并结合打分模型，使用强化学习算法来训练得到最终的 ChatGPT。

这一算法使 ChatGPT 拥有以下三个特点。

第一，ChatGPT 回答的内容较为详细，甚至冗长。

第二，当涉及政治敏感事件的时候，ChatGPT 给出的回答通常较为中性。

第三，拒绝知识范围以外的问题，例如 ChatGPT 的训练数据集的信息更新至 2021 年，因此，2022 年发生的事件不在其知识范围内。

3. 算力

ChatGPT 的基础是 GPT-3.5 模型，GPT-3.5 在 Azure AI 基础设施（由 V100 GPU 组成的高带宽集群）上进行训练，总算力消耗约 3640 PFLOPS-days，即每秒 1000 万亿次计算，运行 3640 天[1]。以算力 500PFLOPS、投资 30 亿元的数据中心为例，要支撑 ChatGPT 运行，至少需要 7 ~ 8 个这样的数据中心，基础设施投入达数百亿元。

[1] 观察君 David.ChatGPT 全景图 | 背景 + 技术篇 . 机器翻译观察 .2023.1.25.

总的来看，ChatGPT 是“算法 + 资本 + 算力 + 数据 + 训练”的产物。它在技术水平上不一定比其他的人工智能产品更创新、更先进，但为我们打开了另外一扇门，那就是高水平的大模型也可以是开箱即用的。可以看出，ChatGPT 实现了人工智能预先编程、预先草拟内容，并由人类进行修改的过程。也就是说，用户跟它交互越多，就越能获取更加精准的答案，这些优势会拓宽 ChatGPT 的应用场景，同时提升用户的使用体验，其中的效率提升和价值是不言而喻的。

1.1.5 ChatGPT 技术创新点

一直以来，通用人工智能与专用人工智能走了两条不同的发展路径。专用人工智能如计算机视觉或者自然语言算法等有较好的应用。但是，ChatGPT 的出现让人们意识到，通用人工智能也有很多优势，那就是可以用一个统一的大模型来尝试解决所有问题。这也是 ChatGPT 超出大家预期的地方，即人工智能出现了一些人脑独有的能力，甚至包括逻辑判断等。这在之前的机器学习领域是不存在的。综合各方学者的观点，具体来看，ChatGPT 有以下关键技术创新。

1. 情景学习（In-context Learning）

情景学习能力是 ChatGPT 比较有代表性的能力之一。直观来讲就是用户可以边教方法，ChatGPT 边按图索骥进行学习并输出结果。尤其是对于没有执行过的任务或者问题，只需要给 ChatGPT 几个任务实例作为输入，就可以让 ChatGPT 在给定的情境中学习新任务并给出较为满意的答复。这期间我们并不需要对模型进行重新训练，因此这种方法能够有效提升模型小样本学习（Few-shot Learning）的能力，如图 1-3 所示。

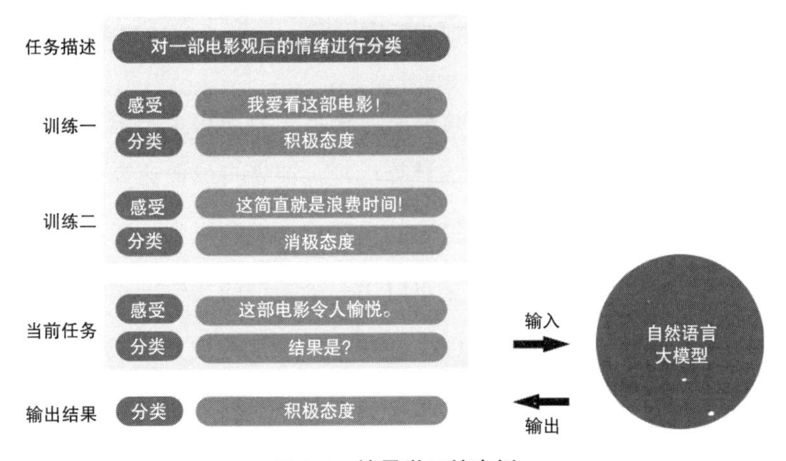

图 1-3　情景学习的案例

2. 思维链（Chain-of-Thought，CoT）

思维链也是 ChatGPT 比较典型的能力“涌现”。思维链的形成机制可以简单理解为，对提问者的问题进行进一步拆解，按步骤解答。例如，对于逻辑性比较强的复杂问题，大模型的答复有时候并不准确。为此，提问者可以对问题进行拆解，从而让大模型理解如何进行问题的分析，并给出满意的答复。更进一步，甚至不需要给出示例，只需要告诉大模型需要一步步思考，也能够得到较为满意的结果。

在这个过程中，每一步思考的结果都被作为第二次输入的数据，这样大模型就能够对上一步的输出进行整合，从而实现对复杂问题的解答。有专家指出，ChatGPT 思维链能力的出现，得益于大模型的训练数据中存在大量代码数据，由于代码有较强的逻辑性，因此可以提升模型的思维链能力。思维链技术能够激发大模型对复杂问题的解决能力，这也被认为是大模型能力涌现的关键，即能够拿到人工智能竞技的“入场券”。

3. 自然指令学习（Learning from Natural Instruction）

自然指令学习就是在对模型训练的过程中，在输入前面增加“指令”（Instruction），具体的任务以自然语言的形式来描述。指令学习（Instruct Learning）构造了更符合自然语言形式的训练数据，从而可以有效提升大模型的泛化能力。同时，大模型的可扩展性较强，很容易与外界打通，可以不断地和外部世界进行互动，对知识进行更新迭代，从而实现能力的同步提升。

目前，已经有大量关于 ChatGPT 的能力测试。比如，国内复旦大学的邱锡鹏教授使用高考题目对 ChatGPT 进行了测试。他认为，使用高考题目进行测试，主要由以下优势：一是高考题目具有较强的挑战性和灵活性；二是机器和人类答同一套试卷的考试成绩可以量化、更加直观，而且人类历年高考成绩已有数据，有现成的对照组；三是高考题目数量多、涵盖领域广、质量高；四是历年高考题目难度水平较为稳定，便于测试人员进行多次分析。

从测试结果来看，在客观题方面，除了带图题、听力题之外，全部 126 个样本数可以达到 76% 的准确率和 67% 的得分率。客观题能力与两名 500 分左右的高考生（文科、理科各一名）相当。在主观题方面，历史、地理、政治方面成绩较好，得分率达到 78%，生物得分率为 50%，数学、物理、化学、历史方面得分率为 30%。

1.1.6 ChatGPT 架构图

ChatGPT 是大模型的一种应用，要想实现这种应用，不仅需要在模型层面进行全面构建，而且需要云计算、深度学习框架的有效支撑。从下至上，我们可以看到 ChatGPT 的顺利实现实际上需要五层能力环环相扣（见图 1-4）。

第一层是由微软云 Azure 来提供算力资源，并且它也是 OpenAI 的独家云服务提供商。

第二层则是深度学习框架 PyTorch，该框架易于使用，而且 API 迭代更稳定。

第三层是基础模型，即我们熟悉的 Transformer。Transformer 利用注意力机制，使用较少的参数来完成自然语言处理，效果好、速度快。OpenAI 在 Transformer 被提出的第二年，就基于此框架构建了预训练语言模型 GPT，从此走上了大规模预训练语言模型的探索之路。GPT 一族的模型都是基于 Transformer 进行研发的。Transformer 的高并行性使得其很容易扩展到大规模模型上面。这为模型能够从海量数据中学习更多知识、提升知识储备，奠定了基础。

第四层是大家熟悉的 GPT-3，GPT-3 作为 OpenAI 推出的大模型，可以称得上是真正的大语言模型。2021 年，OpenAI 提

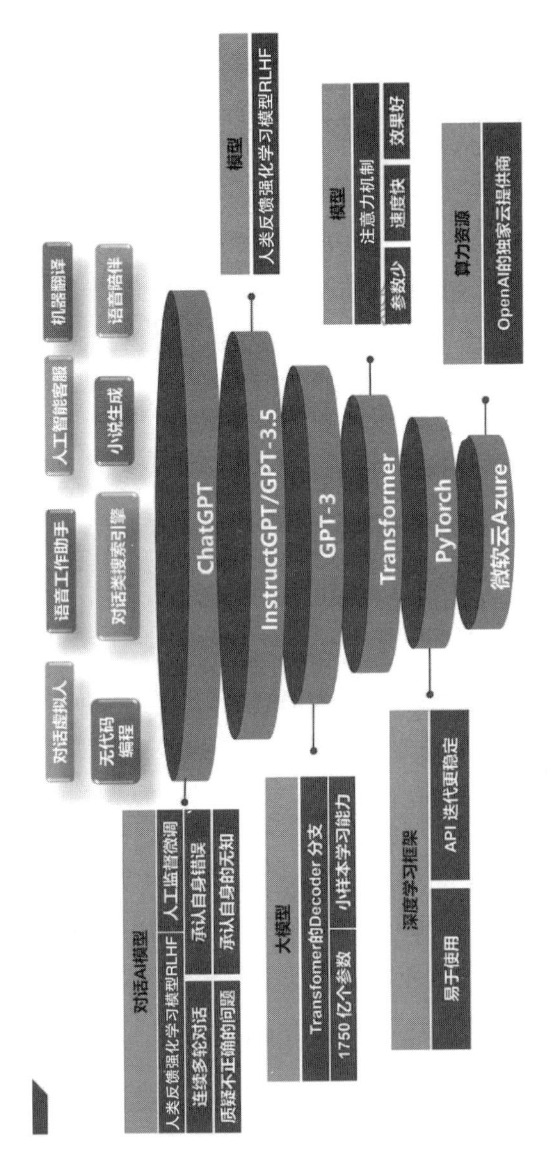

图 1-4　ChatGPT 技术架构

数据来源：CSDN、电子工程世界

出了 CodeX 模型，并在 GPT-3 的训练数据中引入代码数据，从而推动模型从代码数据中学习较为严谨的逻辑结构和问题拆解能力。同时，引入了思维链。

第五层是 InstructGPT/GPT-3.5。它是 GPT-3 的升级版，包括了人类反馈强化学习模型 RLHF。InstructGPT 是 OpenAI 在 2022 年提出来的，它使得 GPT 能够理解更贴合人类自然语言的指示，并根据该指示生成正确的文本内容。

通过以上算力、框架、模型的协同努力，才造就了 ChatGPT。在 ChatGPT 的基础上，可以构建出对话虚拟人、语音工作助手、人工智能客服、机器翻译、无代码编程、对话类搜索引擎、小说生成、语音陪伴等多种应用。

1.1.7 ChatGPT 潜在的应用领域

ChatGPT 将从五个方面推动产业变革与模式创新：一是改变现有人机交互模式，未来人们可能用自然对话的方式与智能产品交互；二是改变信息分发获取模式，基于认知智能技术，可以实现更高效的信息整合与生成，之后再推荐给用户；三是革新内容生成方式，ChatGPT 上线后便被大量应用于公文写作、邮件编写、代码编程等，这将进一步拓展普通人利用人工智能进行创新和生产创意内容的能力；四是提升生产效率和丰富度，ChatGPT 被集成到现有应用软件中后，可以进一步提升内容的生产效率和丰富度，改变人们的办公方式，同时还会带动音视频、图像等生成式人工智能的发展；五是加速人工智能在科研领域的落地。随着科研数据越来越多，未来 ChatGPT 将有望帮助科研人员提供研究建议，推动新的理论探索和发现。

具体来看，ChatGPT 在应用方面，有以下几个场景值得关注。

1. 搜索引擎

ChatGPT 将在搜索引擎领域引发巨大变革。传统的搜索引擎根据关键字来呈现结果，虽然在信息准确度上较高，但是在找内容方面比较费时费力，需要用户不断地做二次筛选和确认。ChatGPT 可以让搜索以对话形式呈现，直接给出比较准确的答案，并为更加复杂的搜索提供创造性的答案。传统搜索引擎是帮助我们整理过去的内容和信息。但是以 ChatGPT 为代表的生成式人工智能工具可以帮助我们处理未来我们想要做的事情。两者在时间轴上处于两个不同的方向，一个回首过去，另一个面向未来。这种方式有望全面升级甚至取代当前的信息检索方式。谷歌 CEO 桑达尔·皮查伊（Sundar Pichai）

坦陈：“ChatGPT 颠覆了 20 多年来传统的基于链接的搜索模式。”Gmail 创建者之一的保罗 · 布赫海特（Paul Buchheit）甚至表示：“ChatGPT 会在一两年的时间里颠覆搜索引擎，就像当年搜索引擎颠覆黄页电话簿一样。”同时，微软与 OpenAI 共同开发了一款具备人工智能对话能力的新版本搜索引擎 New Bing；百度也有类似的规划，并将其定位为“引领搜索体验的代际变革”；谷歌在 2023 年 4 月初也宣布，在谷歌的搜索中集成类 ChatGPT 对话式人工智能功能模块。

2. 日常工作

ChatGPT 可以自动协助用户生成会议记录，即使用户没有参加会议，也可以帮助用户生成会议记录和要点。会议中每个人的发言和时间节点都会有效显示。在编写电子邮件方面，ChatGPT 也在发挥实际作用，微软推出的 Viva Sales 功能可以为各种场景生成推荐的电子邮件内容，包括回复询问、创建提案等。如此一来，销售人员花费更少的时间即可编写电子邮件，Viva Sales 甚至可以提醒工作人员要跟进哪些潜在的客户。同时，ChatGPT 在修复程序缺陷方面也大显身手。近日，来自英国、德国的研究人员专门对 ChatGPT 的该项能力进行了测试，在 40 个代码错误中，ChatGPT 准确修复了其中的 31 个，人类程序员仅修复了 21 个，ChatGPT 在这方面遥遥领先。

3. 教育

ChatGPT 可以成为帮助学生解答各种问题的陪伴机器人，尤其是经过学科数据训练的 ChatGPT，可以像老师那样一对一地给学生答疑，甚至可以做到个性化学习素材的编写。例如，学术工具 Numberade 发布了人工智能导师 Ace，它可以为学生生成个性化的学习计划，根据学生的能力来制定有针对性的教学内容。基于海量的数据和文章内容，学生甚至可以与历史人物进行互动，如与林肯、柏拉图等重要历史人物交谈。未来，知识问答、短视频生成、本地生活、智能客服等都将成为 ChatGPT 类技术应用的场景和方向。创业企业可以在大模型的基础上，利用自身的数据进行升级优化，实现更多有护城河的场景落地。

iPhone 出现的时候，业内专家也普遍认为它并没有推出什么颠覆性技术，更多的是对现有技术的集成。但是当时人们忽略了 iPhone 是首个为了“适应用户”而设计的智能手机，并非是为了“解决问题”而设计的智能手机。正是基于此，iPhone 的交互方式和传感器让其成了用户身体的一部分，一个带来更多信息和更多高效交互的“器官”。类比到 ChatGPT，我们会发现其已经具有让用户直接使用人工智能（包括其中的算力和数据）的里程碑意义了[1]。

1.2　ChatGPT 对大模型的坚定实践

1.2.1　生成式人工智能

生成式人工智能目前有两个大类得到全球关注：一类是语言类生成模型，另一类是图像类生成模型。

语言类生成模型以 ChatGPT 为代表，需要由一个大语言模型（Large Language Model，LLM）来理解用户的语言，并且需要有较高质量的输出。这也意味着语言类生成式人工智能中的大语言模型需要非常多的参数，才能完成学习的目标并记住海量信息。

图像类生成模型以扩散模型（Diffusion）为主，典型的此类模型包括来自 OpenAI 的 DALL · E、来自 Stability.AI 的 Stable

[1]　M 小姐走四方 . 万字长文，探讨关于 ChatGPT 的五个最核心问题 .M 小姐研习录 .2023.3.6

Diffusion。这类模型主要是使用语言模型来理解用户的指令，之后生成高质量图像。和语言类生成模型不同，图像类生成模型不需要生成语言输出，因此参数量远远低于语言类生成模型。

1.2.2 大模型引发新范式创新

ChatGPT 从 2022 年 11 月诞生至今，一直受到持续关注。一方面是生成式人工智能技术积累和效益已经到达了临界点，另一方面也得益于数字经济时代海量数据需求的推动。从 ChatGPT 这里，我们已经可以看到新的人工智能技术展现出模块化的趋势，过去需要单独开发的部分变成了开放、可复用、可调用的组建式模块。这是之前谷歌的 AlphaGo 等技术所达不到的，其泛化能力仅仅局限在围棋游戏上，ChatGPT 利用大模型的有力支撑，可以为不同场景和垂直应用赋能。

从 GPT-3 到 GPT 3.5，再到 GPT-4，我们可以看到 OpenAI 将大模型当作了通用人工智能发展的必由之路。相当于通过从海量数据中学习各种知识，打造一个与具体任务无关的超大语言模型，从而再根据不同的应用场景和需求来生成不同的模型应用，解决各种各样的实际问题。如果把 ChatGPT 比喻成一棵树，那么以大模型为代表的基础模型相当于树根，而树之所以能够成活，离不开土壤的滋润，人类上千年积累的知识就是这棵树成长的土壤，ChatGPT 及其底层模型架构见图 1-5。

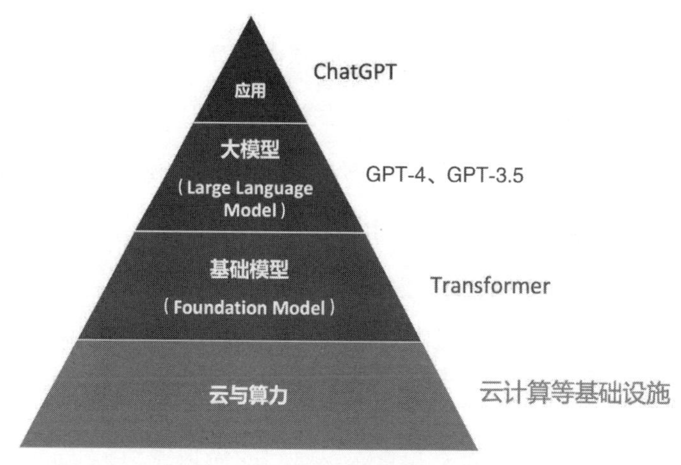

图 1-5　ChatGPT 及其底层模型架构

综合各方专家的观点，具体来看，ChatGPT 让我们看到了大模型的三个特征。

1. 模型能力的涌现

当模型规模较小的时候，模型的性能提升和参数增长之间是线性关系。但是，GPT-3.5 以及 GPT-3 这种千亿规模参数的模型出现之后，模型的能力出现了质的飞跃，完成任务的性能有了明显的提升，表现出一些开发者最开始不曾预测的、更复杂的能力和特性，这些新能力和特性被认为是涌现能力的体现。需要指出的是，模型能力的涌现并非全部都是好消息。事实上，涌现在一定程度上可以理解为一种失控。模型会产生错误的回答，对某些问题缺乏理解，容易受到干扰等。如果涌现在创意、灵感等领域拓展，那么结果会是有益的。

涌现能力是基于深度学习模型的分层结构和权重学习机制实现的。每一层神经元的输出都作为下一层神经元的输入，并且模型的每个权重都通过强化学习算法进行学习和更新。这种分层结构和权重学习机制使得深度学习模型能够自动学习到从原始数据中提取隐含的特征和模式，从而实现能力涌现[1]。

2022 年一篇名为《大型语言模型的涌现能力》（*Emergent Abilities of Large Language Models*）的文章，对涌现给出了这样的定义：如果一种能力在较小的模型中不存在，但是在较大的模型中存在，那么这种能力就是涌现的。这种涌现通常并非通过目的明确的编程或者训练得到，而是模型在大量多模态数据中自然而然学习到的。这也解释了为何 ChatGPT 有着相当于真人一样的理解能力，大模型为整个对话机器人提供了较好的稳健性，即建立起真实用户调用和模型迭代之间的飞轮，实现对

[1] 陈巍 .GPT-4 大模型硬核解读！看完成半个专家 . 智东西 .2023.4.1.

真实世界数据的调用和数据对模型的迭代，同时帮助更多创业公司找到商业模式和生存空间，从而建立起一个生态系统。

但需要指出的是，这种能力涌现并非线性发展或者可预测的，仅在工程上得到了证实，理论上仍难以得到有效的解释和论证。因此，大模型能力涌现的背后逻辑仍然存在许多不确定性，科学家们尚未完全理解其原因。这与阿兰·图灵（Alan Turing）在 1950 年的《计算机器与智能》（*Computing Machinery and Intelligence*）论文中提出的观点相似，即“机器的老师通常对机器内部的运行情况一无所知”。有人对这种不可预测性感到兴奋，而有些人则感到不安。但不管哪种情况，大量的努力确实能带来惊人的成果。背后的信念是，人类可以用硅基材料来模拟大脑结构，从而最终实现超越人类的智能。而涌现现象告诉我们，这一时刻正在逐渐接近。

2. 模型使用方式的转变

预训练模型能够在训练的时候依靠下游任务进行微调，来使预训练模型更好地适应不同的任务。但是随着参数逐渐增多，针对大模型进行微调变得不再容易。同时，由于大模型具备较好的泛化能力，因此通过提示学习（Prompt Learning）与微调相结合的方式可以更好地激发大模型的能力并获得不俗的表现。

3. 自然语言处理范式迁移

自然语言的处理范式由“预训练＋微调”逐渐变为根据用户的任务需求修改自身描述，例如，加入指令使得任务本身更加靠近自然语言的形式，从而激发预训练模型的巨大潜力。

ChatGPT 基本实现了大语言模型与用户之间的对接功能，让大众用户可以用更加习惯的方式进行表达并获得回复，这增加了大语言模型的易用性，提升了用户体验，意味着人工智能应用从过去以小模型训练为主的“手工作坊模式”向通用大模型预训练为主的“工业化时代”转变。未来竞争的焦点将聚焦在如何应用 ChatGPT 解决客户和行业真实的需求和痛点，让以 ChatGPT 为代表的 AIGC 工具成为类似电力、能源一样的经济社会生产原料。当然，在这个过程中，业界还需要在成本、场景等方面进行持续的探索。

1.2.3 冷静客观看待大模型的价值

在人工智能应用领域，自然语言在过去长期属于被冷落的方向。ChatGPT 虽然表现很惊艳，但是对话中的错误随处可见，大模型应用的商业模式还不是很清晰。ChatGPT 的更大意义在于，证明了通用大模型这种方式，可以打破人工智能的知识瓶颈。通过大模型，学习海量的语料库，智能机器可以获得丰富的语言知识，对语言中的复杂结构、语义和逻辑，进行识别和处理。之所以用户会觉得 ChatGPT 好像有自主思维，正是源于知识与数据融入大模型之后，在泛化、通用性、迁移性上的整体表现提升。对于大模型的发展，我们应该从大模型基础能力、应用工具平台、行业生态等三个方面，推动其向更广阔的领域应用和普及。

1. 大模型基础能力

ChatGPT 的成功，得益于底层 GPT-3.5 等大模型基础能力的建立，尤其是海量数据“投喂”、较强的模型工程开发和算法调优能力，还有 OpenAI 在自然语言领域的长期积累，以及来自微软的计算资源支撑等。因此，打造类似 ChatGPT 这样的大模型应用产品，不仅需要对神经网络和数据集建设有深入的理解，还需要有较强的工程落地能力和强大算力的支持。

2. 应用工具平台

大模型真正落地，需要在产业化和应用方面进行重点布局。现实应用场景要比简单的用户聊天复杂得多，企业和开发者需要大模型应对更多甚至极端的场景，从而能够对产品级 API 接口、深度定制、成本等都有不同的需求和承担能力。因此，大模型的广泛应用，需要平台企业能够提供完善、成体系的全栈工作链，包括学习框架、基础模型库、端到端开发套件、API 接口等，从而让更多行业人员或开发者以较低的门槛，把大模型应用到不同的行业和业务中。

3. 行业生态

大型人工智能模型的成功并非仅仅依赖于 ChatGPT 等技术的出色表现，更重要的是要融入生态系统，紧密联系现实世界。在这一过程中，我们需要不断地将大模型与各行各业进行深度融合、探索与创新，实现产业链上下游的共同发展与创新[1]。

1.2.4 持续迭代和高质量数据仍是大模型落地的关键

虽然 ChatGPT 有惊艳的表现，但是持续迭代和学习、高质量数据的有效输入仍是大模型成功普及的关键，具体原因体现在以下几个方面。

[1] 藏狐 . 应对 ChatGPT，中国 AI 需要这三种能力 . 脑极体 .2023.2.19

1. 现实世界复杂多变

现实世界变化较快，当前我们对 ChatGPT 的认知还停留在表现出好奇的阶段。未来 ChatGPT 要想快速落地，仍需要对现实世界保持高效的适应性，这需要人工智能系统不断学习新的知识、数据等。这样才能及时应对新的问题和挑战。

2. 高质量数据如同水和空气

对于大模型来讲，高质量的数据必不可少，是大模型能够落地的基础。但是数据分布会随着时间变化而发生变化，因此，为了保持大模型和相关人工智能应用的准确、可靠，大模型需要持续学习新的数据，从而能够得到不断更新。

3. 保持能力泛化的基本要求

大模型具有较强的泛化能力，这是与之前的人工智能较大的不同之处。要想让大模型在面对未知问题或者挑战的时候仍能够做出正确的决策，就需要持续学习的能力来帮助人工智能系统不断提升泛化能力。

4. 能力依旧有限

大模型的核心能力是利用深度学习算法训练一个包含大量

参数的神经网络，通过预测文本中下一个词的出现概率，从而实现对文本的理解和生成。这样的模型可以取得惊人的性能，例如，像 ChatGPT 这样的模型已经能够达到人类水平的语言处理能力，但与人类相比，它们的学习能力仍然有限。这些模型需要大量的数据和计算资源来训练，而人类只需要很少的数据就能够学习并快速完成新的任务。因此，要使这些模型拥有类似于人类的学习速度和能力，还需要做出更多努力。

5. 参数的数量不是衡量模型是否优秀的关键指标

尽管参数数量的多少是衡量大语言模型性能的重要指标之一，但它并不是唯一的标准。除了参数数量规模的大小之外，模型的精度、速度、可扩展性和资源消耗等因素也很重要。因此，未来的模型应该在不牺牲精度的前提下，尽可能地减少参数数量，以提高模型的效率和可用性。与此同时，采用多个小型模型协同工作的方法也是一种有效的解决方案。这种方法可以减少单个模型的复杂度和计算负担，提高整体性能，并且更容易扩展到更大的数据集或更复杂的任务。例如，在自然语言处理领域，可以使用一个模型专门处理情感分析，另一个模型专门处理命名实体识别，再用一个模型处理机器翻译等任务，这些模型可以相互协作，提高整体的自然语言处理能力。

与智能手机上的芯片类似，虽然用户不需要了解模型的内部工作原理和参数量，但他们更关心的是模型是否能够正确地完成任务，并且能够在合理的时间内完成。因此，未来的模型可以是小型、高效的，并且应该具有良好的可用性和易用性，以便用户能够轻松地使用它们，而不需要了解其内部细节。

正因为如此，拥有持续向模型“投喂”高质量数据的能力，将会成为今后每个人的核心竞争力。

1.3 为何与ChatGPT交流时有与人对话的感受

1.3.1 统计规律带来的“错觉”

ChatGPT之所以让我们对其生成的内容感到震惊，是因为底层模型学习的海量数据，是整个人类社会的产物。学习统计规律需要通过大量的数据和巧妙的模型设计来实现，为了能够达到这一目的，研究人员采集了尽可能多的数据。形象一点说，这些被ChatGPT用来进行训练的数据跨越了春夏秋冬、山川河流、历史事件，因此当我们跟 ChatGPT 进行交流的时候，我们收到的回复基本符合全人类的文字统计规律；当我们用 AIGC 进行绘画的时候，我们获得的图片基本符合人类所有艺术作品的统计规律；当我们用人工智能生成一段音乐的时候，我们听到的旋律也基本符合全世界音乐的统计规律。

具体来看，我们都知道语言本身就是一种“接龙游戏”。小孩子在学习语言的过程中，也是在听了老师和家长说了好多遍各种语句之后，才学会了怎么说话。我们经常听到老师对孩子说“熟读唐诗三百首，不会作诗也会吟”。可以看出，学生在吸纳了大量前人的文章之后，就会进行模仿，这个模仿的过程就是一种“文字接龙”。

对应到大语言模型上，其实道理是一样的。大语言模型在输出了一个单词之后，会把这个词加到原来的文本中，使之又作为输入进入语言模型，接着再问同样的问题“下一个单词是什么”，然后再输出、加入文本、输入……如此反复循环，直到生成一个“合理”的文本为止。

因此，我们在和生成式人工智能进行互动时，面对的不是有“认知”的机器，而是面对着全人类数据统计规律的近似载体。尤其是 ChatGPT 获得了全球海量的数据资源，知识量远远高出单个用户，因此我们在互动中感觉到在能力上被“碾压”

也在情理之中。但ChatGPT其实不懂得语言背后的现实意义和逻辑，说它是“鹦鹉学舌”一点也不为过。很明显，鹦鹉不知道自己模仿的话是什么意思，我们也不会认为鹦鹉智力很高。

总的来看，ChatGPT的学习方式仅仅是掌握了语言中的统计规律，而不是语言规则，更不是逻辑推理，对世界本身的运作形式也没有跟人一样的直觉理解，距离智能还有很远的距离。

1.3.2 个人情感诉求得到满足

ChatGPT在交流中会表现出“同理心”，即用户在交流的过程中可以感受到ChatGPT能够“理解我”。ChatGPT是否具有这种能力，并不影响其提供的情绪价值。也就是说ChatGPT不一定具有情感能力，但是其能够在交互过程中让人类个体感受到被理解，进而催生出信赖、认同，这样的交流很有可能产生情感依赖，这在以下两个场景下显得尤为重要。

1. 心理咨询

共情是诸多心理咨询的基础，相较于价格高昂的心理咨询师，ChatGPT可能会成为更好、更容易交流的倾听者。尤其是心理咨询师难以避免自身理念带来的偏见，ChatGPT有望从沟通者的信息中构建更多有针对性的交流，从而有助于真正帮助倾听者进行心理援助。

2. 银发守护

随着老龄化的进一步加剧，陪伴机器人将有较大的发展空间，ChatGPT 将提升陪伴机器人的陪伴质量，成为老年人的情感伙伴，从而帮助老人疏解孤独、追忆人生。

但需要指出的是，技术突破也会带来新的问题。沉浸在 ChatGPT 的定制化情感世界，将引发人们的精神依赖和逃避现实的倾向。

一方面，基于理想算法和对人类情感的研究，ChatGPT 可以给用户带来感情慰藉。但这会让人们更难以适应现实生活，尤其是与人交流往往需要经历磨合与包容等过程，在团体内的合作会变得更加困难，导致新的情感真空和孤岛产生。

另一方面，如短视频、直播等当前占据用户大量时间的应用，情感陪护是否也会占据用户大量时间，提升用户对虚拟情感相关产品的依赖，从而对现实生活中的家庭、伦理、性别比例带来影响，这些还有待探讨。

1.4 自然语言成为交互的新入口

科技进步的标志之一就是交互方式的进步，一项技术能否流行起来，关键要看是否产生了新的交互方式，否则它只能困在小众市场中。从最早的字符界面，到后来的图形用户界面，沿着这条线走下去，未来最重要的交互形态其实就是自然语言。这也是为何 ChatGPT 没有技术上从 0 到 1 的理论突破，但是仍旧具备大众市场规模化商业转化的核心价值。

1.4.1 新入口的特征与趋势

长久以来，研究人员一直尝试让软件在使用过程中更加贴近人类的自然语言。过去需要输入一堆命令，机器才能完成一项工作，为此我们需要去学习机器语言，但是 ChatGPT 让我们可以通过自然语言来获得想要的结果。同时，大语言模型的答案更接近人的内容反馈，不但语言的组织能力更强，甚至可以像人一样使用“直觉思考”。这就可以让人们用日常生活中使用的语言和计算机直接互动。也就是说，用户直接用自然语言来提出自己的需求，然后机器把用户的语言转化成机器可以识别的语言进行分析处理，之后再把结果转化为用户可以使用的语言。例如，你想知道公司这个月的营收情况以及哪个部门利润最高，作为 CEO 你可以直接开口问人工智能工具，马上就可以得到结果。但在传统模式下，企业管理者需要找财务负责人来反馈结果。因此，我们可以用新的方式来解决原有的场景难题。

如表 1-3 所示，通过回顾历史我们会发现，交互方式深刻改变着我们对科技的理解和互动。

表 1-3　交互方式里程碑与特点

	互联网	移动互联网	智能互联网
交互特点	大屏——鼠标点击 + 键盘	小屏——多点触控 + 键盘	沉浸式——自然交互（手势动作、语言、表情、视觉）
服务形式	界面化服务——软件	界面化服务——App	人格化服务
信息感知	信息世界	数字世界 + 定位等基础能力	虚实融合、沉浸式
任务完成	信息化流程	信息化流程	自然交互中定义灵活任务、主动式服务
AI 需求	无	单点 AI 能力（人脸识别、智能推送）	人格化人工智能（融合：虚实感知、逻辑推理、常识学习、自然交互）

在互联网时代，我们和机器交互的主要方式是通过计算机显示器、鼠标和键盘，这一时期服务的形式主要是软件或者是

网页浏览器，人工智能在互联网时代还没有崭露头角。

在移动互联网时代，交互特点出现改变，智能手机的出现让小屏幕、多点触控成为标配，但是通过键盘输入仍然被保留下来。服务形式方面则主要是通过 App 来实现的，这一阶段人工智能技术通过单点突破进入我们的生活，如人脸识别、智能推送等。

在智能互联网时代，应用语言、表情、视觉和手势动作等自然交互方式，将成为这一时期的主要交互特点。服务形式不只是软件或者 App，将涌现出更多人格化的服务。类似 ChatGPT 这种人格化的交流工具将更加普遍。我们感知信息的方式也将更加虚实融合，可以沉浸式地进行。人格化的人工智能技术将成为我们的必需品。

未来，人工智能将带来更多微创新，让某些场景从原来的想象、愿景变成现实。可以说，人工智能能力的提升可能会重构我们的日常生活。未来，抢走你工作的不是人工智能，而是其他掌握人工智能工具的人。

当然，ChatGPT 不会替代人类，但是会有效提高我们的工作效率。类似电影《流浪地球》中的 MOSS，或者电影《钢铁侠》里的人工智能助手贾维斯，使用者告诉人工智能助手要做什么，人工智能助手会先做出一个原型，然后在一次次的交互中，使用者告诉人工智能助手该如何修改和完善。

1.4.2 新入口会让求知发生哪些变化

随着大模型的不断发展，学习知识的方式也在发生改变。过去，学习某种知识就像攀登一座高山，需要花费很多的时间和精力，可能还要经过一些曲折和崎岖的路程。虽然有些人可能会提前铺设一些石阶，但仍然需要我自己一步步往上爬才能到达山顶。然而，现在的情况已经不同了。大模型在不断消除所谓的“知识高地”，使得知识散落在阡陌纵横的平原上，我们可以一眼看到自己想要去的点在哪里。这样，我们就可以更加准确地找到自己的学习目标，选一条效率最大化的路径，以最小的代价到达知识的彼岸。这种方式不仅可以节省时间和精力，还可以更加高效地获取所需的知识。未来，大模型的应用将重点在以下三个方面让求知发生改变。

1. 人们学习形态的变革

随着多模态大模型的不断发展，人类的学习状态也在不断演进。在这种模型的主导下，知识的载体已经不再受限于特定的媒介或形式，学科间的界限也在加速消失。这种趋势将会加速学界一直期待的“知识大融通”的实现，这意味着个体知识将在对话的过程中不断扩展。这种对话不仅发生在人与人之间，还可以发生在人与机器之间。通过不断的交流和学习，个体的知识将不断增长，并在多个领域之间产生交叉和融合，从而推动人类知识的进一步发展。这种趋势将会使得学习成为一种更加自由和开放的过程，使得人们可以更加高效地获取所需的知识。

2. 问题导向成为求知的主要方式

随着大模型的出现，知识的存储和获取方式发生了根本性的变化。这些大模型就像是人类的大脑，将知识存储在神经元连接中，需要通过提示词来唤醒人工智能的能力。这种方式使得答案变得不再稀缺，而提问变得更加重要。在这种情况下，求知者需要更加注重问题的提出，而不是仅仅追求答案。只有通过精确地提出问题，才能够得到准确的答案。这种方式的转变，不仅使得求知者能够更加高效地获取所需的知识，同时也对教育和学术研究等领域产生了深远的影响。未来，随着大模型技术的进一步发展，这种方式的转变将会变得更加显著，提问将成为人类学习的重要方式之一。

3. 学习者依旧是核心

在过去，掌握一个知识点需要通过翻阅各种图书和学术论文获取知识，再进行推导和理解。然而，随着大模型技术的发展，这种传统的学习方式已经发生了根本性的变化，通过提示词可以使学习者更加高效地获得所需的知识。在这种情况下，学习者将成为学习的中心，整个知识网络将围绕着学习者的需求展开。学习者不再需要进行烦琐的推导和理解，而是可以通过直接提问获取所需的知识。这种方式的转变，使得学习变得更加自主和高效。在未来，随着大模型技术的进一步发展，学习者将扮演更加重要的角色，成为整个知识网络的核心。知识的价值将会服从于人、服务于人，而学习者的需求将会成为知识扩展的主要驱动力。

1.5 给大模型的“大脑”装上“手”

大语言模型可以理解语言，但它们还不能完全确定自己生成的内容是否正确。为了在某些需要数学计算或时事知识的情况下获得更准确的答案，大语言模型还需要使用外部工具，这些工具就如同模型的手一样，以被调用的方式来解决用户提出的问题。因此，除了拥有优秀的理解能力之外，让大型语言模型学会使用计算机上的各种工具，可以最大限度地提高它的能力。

过去，用户需要适应不同的产品，很多需求要在不同的产品之间进行切换才能被满足。例如，购物需要用京东或淘宝等 App、找餐馆需要用美团或大众点评等 App、打车需要滴滴出行等 App，我们每天都需要在不同的应用之间进行切换并适应这些应用的流程，才能实现我们的目标。如表 1-4 所示，虽然这些产品在不断迭代，但是“用户适应产品”仍是当下我们与科技交互的重要方式。

表 1-4　软件形态与服务形式变革

类别	现有软件	未来的人工智能原生应用
适应趋势	有限输入，用户适应产品	无限输入，产品适应用户
功能	站外搜索，多产品切换	贴身助手、辅助驾驶
数据	处理结构化数据	处理非结构化数据
服务形式	服务撮合、促进交易	直接提供服务
对话形式	人与人对话	人与机器、机器与机器
迭代主体	功能迭代	模型迭代

未来，大模型可以帮助用户打造海量应用，这些应用会成

为用户的贴身助手、直接为用户提供服务，不再是过去的用户适应产品，而是变成产品去适应用户。迭代的也不再是产品，而是模型。最终，在这样的基础上构建出人工智能原生应用形态。

目前，ChatGPT 已经推出插件功能，同时以 AutoGPT 为代表的应用形态已经将自主智能体引入大众视野，这将成为大模型未来在应用形态上的重要发展趋势之一。

1.5.1 插件（Plugin）带来的“App Store 时刻”

目前，ChatGPT 已经能够完成大量任务，但是在发挥作用方面还是有诸多限制，例如，前面多次提到的训练数据是 ChatGPT 进行学习的唯一信息来源，但这些数据内容可能会过时，一些私域信息也难以使用和学习。但插件功能的出现，不但解决了 ChatGPT 无法联网的窘境，也创造出了 ChatGPT 的“App Store 时刻”。

ChatGPT 的插件系统其实是 ChatGPT 能力的一种扩展，可以让 ChatGPT 通过自然语言的方式进行交互，连接到第三方应用程序、运行计算或者使用其他服务。插件系统的核心原则是安全，用来保护用户和开发者的数据和隐私，同时提升

ChatGPT 的效率和可靠性[1]。

插件如同大模型的眼睛和耳朵，之前的 ChatGPT 只是用自己的“记忆”来回答我们的问题，不能看到外面的世界，更不能使用外接的工具。但是，有了插件功能之后，它就能够访问最新数据中的信息了。这样 ChatGPT 就可以根据最新和最准确的信息来回答我们的问题，帮助用户完成一些任务和操作。目前，第一批插件已经能够实现酒店与航班预定、外卖服务、在线购物、法律知识咨询等功能。这也意味着生态系统的产品演进思路已经出现，也就是说，通过开放插件系统全面引入开发者。ChatGPT 将不仅仅是一个聊天机器人，而会变成一个开发者平台，一个人工智能时代的“App Store”。

例如，用户对 ChatGPT 说：“我想周五去北京三里屯吃海鲜，你帮我推荐一个周五可以去的好餐厅，同时给我准备一个周日在家做饭的食谱，计算一下卡路里，然后在京东上帮我订购食材。”

实现过程将会是：ChatGPT 会调用类似大众点评的插件，

---

[1] 黄绿君 . 全面了解 ChatGPT 插件系统：OpenAI 的 AI 生态帝国 .AI 协同创新智库 .2023.3.25.

给用户推荐餐厅和相关预定链接；接着ChatGPT给出周日的食谱——宫保鸡丁和蛋炒饭；随后调用健身类插件，计算卡路里；最后ChatGPT会调用类似京东的插件，帮助用户整理好购物清单，用户点击链接就可以下单购买食材。

整个过程类似于用户通过iPhone调用各种App来解决自己的问题。过去是用手点击，现在则变成了用自然语言说出自己的需求，ChatGPT会直接把相关的插件调用出来，并生成用户想要的结果，整个过程不需要用户有其他操作。也就是说，ChatGPT未来有望会有一个“GPT Store”，如同当前我们手机里的App Store一样，需要什么样的插件，直接输入自然语言就可以实现。具体来看，插件系统有以下特点。

1. 可靠性与实用性增加

通过插件，用户可以让ChatGPT访问最新的信息，从而提高回答的质量和可信度。同时ChatGPT可以通过插件获取其他领域的知识和技术，扩展自己的能力范围，尤其是回答问题的深度和广度，同时模型本身也进一步提升了优势。

2. 安全性进一步提升

关于ChatGPT安全性的事件不断出现，插件可以要求开发者按照统一的安全规范和标准进行开发，有望进一步提升其安全标准，减少数据泄露、隐私侵犯、恶意攻击等风险。

3. 生态系统初步形成

用户是 ChatGPT 插件系统的核心驱动力，他们会通过使用插件实现各种目标和需求，从而提升大模型的用户数量、活跃度和口碑。开发者则可以通过插件来实现技能和创意的落地，进而产生影响力和收益。开发者的数量、多样性都会影响 ChatGPT 插件系统生态的建立。同时，作为 ChatGPT 插件系统的底层基础，OpenAI 通过技术、规范、工具、资源等促进用户、开发者、平台之间的交流和繁荣，最终推动生态体系的建立和丰富。

1.5.2 自主智能体带来无限遐想

想象一下你将来的人工智能助手，你交给它一个任务，不需要告诉它怎么做，它可以直接自己搜寻工具、拟出待办事项，执行自己设定好的步骤，直到任务完成。

如果我们初步给自主智能体下一个定义，那就是给定人工智能体一个目标，它可以自行创建任务、更新任务、重新确定任务列表和优先级，不断重复上面的过程，直至完成目标。

这正是自主智能所要完成的事情。

英伟达的机器学习专家甚至表示，自主智能是自动化的重点。一旦这些智能体变得高度精密、可靠，各个领域和行业的自动化程度将呈指数级增长。目前，一些比较典型的自主智能体案例已经出现，比如有创业者发布过将自主智能体加载到浏览器中的技术，这些技术可以帮助你自动定比萨饼。用户只需要说："点一份从 A 位置配送到 B 位置的洋葱比萨饼。"自主智能体就可以自动完成订购的所有动作。

同样令人震撼的案例还有斯坦福与谷歌联合实施的一个虚拟城镇实验，如图 1-6 所示。这个虚拟城镇中有 25 个自主智能体，在小镇中所有自主智能体之间都会以自然语言相互交流，而用户也可以使用自然语言与他们交互，比如采访他们、命令他们或者加入他们的活动。研究人员告诉其中一个人工智能体要组织一场情人节派对，接着神奇的事情发生了，这些智能体开始模拟人的生活方式，互相交谈，最终大多数智能体都听说了情人节派对，并最终出席了活动。

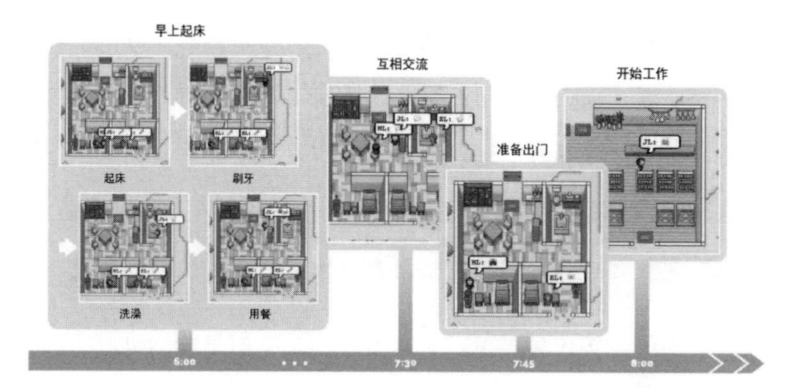

数据来源：朴俊成（Joon Sung Park）等的论文《生成式智能体：人类行为的交互式拟像》（*Generative Agents: Interactive Simulacra of Human Behavior*）

图 1-6　25 名智能体生活的小镇

下面，我们通过一个案例，来看看自主智能体到底是如何实现人类目标的。假如我们想要一个自主智能体帮助总结一下关于“淄博烧烤”的最新消息。

（1）我们向智能体输入“你的目标是找出关于淄博烧烤的最新消息，然后把摘要发送给我”。

（2）智能体看到目标任务后，借助 GPT-4 等大语言模型来理解任务详情，在搜索引擎上搜索与淄博烧烤相关的新闻。

（3）在找到淄博烧烤的热门文章之后，开始创建两个新的子任务，分别是撰写新闻摘要和阅读新闻链接的内容。

（4）智能体需要确定新创建子任务的完成先后顺序，显然先写摘要被否定了，需要先阅读新闻链接的内容。

（5）在上面的过程中，智能体需要不断回顾待办事项列表，查看是否和最终目标一致。

（6）在读取文章内容之后，剩下的唯一一项工作就是总结内容，完成之后就可以反馈给用户新闻摘要。

上面的过程比较简单，也不是很完美，但是我们可以看到，用户通过自主智能体可以更加轻松地完成很多事情。我们需要做的就是给出一个任务，让它去完成（见表 1-5）。在效率提升的背后，我们可以腾出更多时间专注于思考、减少烦琐的工作，从而会有更多、更好、更有创意的想法出现。

表 1-5　自主智能体工作分解步骤

步骤	目标	内容
1	初始化目标	定义自主智能体需要完成的目标
2	创建任务	自主智能体检查记忆中最近完成的某任务（如果存在），使用它的目标和最近完成的任务环境来生成新任务列表
3	执行任务	自主智能体自主执行任务
4	内存存储	任务和执行结果存储在矢量数据库中
5	反馈收集	自主智能体以外部数据或自主智能体内部对话的形式收集对已经完成的任务的反馈。此反馈结果将用于通知自适应过程循环的下一次迭代

（续表）

步骤	目标	内容
6	生成新任务	自主智能体根据收集到的反馈和内部对话生成新任务
7	任务优先级	自主智能体通过审查目标并查看最后完成的任务来重新确定任务列表的优先级
8	选择任务	自主智能体从优先列表中选择最靠前的任务，然后按照步骤 3 中的描述继续执行

资料来源：shadow chi 发表在公众号“无界社区 mixlab”的文章《趋势：自主思考，通用人工智能的雏形——生成式智能体》，2023-04-24。

未来，这种只有 1 ~ 3 个员工、大量借助 AutoGPT 和 ChatGPT 的创业公司会大量出现，而工作成果将可以和拥有上百人的公司相媲美。就如同电影《星际穿越》里的 TARS 一样，我们正处于这样一个关键历史时刻的起点。

1.6 ChatGPT 时代，个人的机会在哪里

高德纳（Gartner）预测，大型企业机构对外营销时合成信息所占的比例，将从 2022 年的不到 2%，上升到 2025 年的 30%。电影中生成式人工智能内容的占比，从文本到视频，将从 2022 年的 0% 上升到 2025 年的 90%。2023 年 2 月，韩国知

识产权局发布以 ChatGPT 为核心的“超级人工智能”技术专利调查，结果显示，近 10 年相关专利数增长约 28 倍，尤其是 2016 年 AlphaGo 战胜世界围棋冠军李世石后，人工智能领域专利申请进一步加快。在 2016—2020 年，专利年均增长率为 61.3%，其中美国、中国、日本、韩国位居前四位。其中，数据生成技术、学习模型、特殊服务成为主要研发方向。

未来，人工智能将是一种基础能力，人们要考虑如何更好地利用人工智能来提升自己的综合能力。

1.6.1 成为使用工具的人而非“工具人”

在人工智能时代，我们可以预见每个应用程序都可以通过 AI 来进行智能驱动，实现更高效率和更好的用户体验，人类则可以从以下几个方面来提升自己的能力。

1. 预测和判断能力

人工智能拥有强大的数据处理和模型构建能力，能够利用历史数据来预测未来趋势。用户可以利用这一能力，建立自己的模型，并结合自己的经验和知识，对未来趋势进行预测和判断。但需要注意的是，预测和判断需要基于充分的数据和准确的分析，否则结果可能不准确。

2. 感受力

人工智能虽然可以分析大量的数据，但对真实世界和人类社会的感受能力不如人类。用户可以利用自己的感受力和洞察力，结合人工智能的数据分析能力，深入挖掘数据背后的含义，提出更有意义的结论。

3. 跨界学习能力

人工智能往往只是专注于某一领域，而年轻人可以利用自己的学习能力，不断进入新领域，学习新的知识和技能，并将这些经历链接起来，形成自己的综合能力。这样的跨界学习能力可以为年轻人提供更广阔的视野和更多的机会。

4. 面对未知，持续创新

未来充满着不确定性和变数，用户需要具备面对未知的勇气和决心，利用人工智能的分析能力和自己的创造力来解决争论和创造新的价值。同时，年轻人还需要具备领导和创造的能力，这可以通过学习和实践来培养。

1.6.2 职业将进一步细化与创新

历史上的技术进步无疑为人类社会带来了深刻的变革。从工业革命到信息时代，每一次技术革命都伴随着大量分工的产生，以及越来越细化和专业化的职业领域。这些变化不仅提高了生产效率，还为人类创造了更多的就业机会。在当前的人工智能浪潮中，我们有理由相信，人工智能技术同样会加速分工、推动专业细分，并带来新的职业分工。

1. 人工智能技术的发展将促使各行各业进行更加精细化的分工

随着人工智能技术在各领域的广泛应用，如医疗、金融、教育等，人们可以利用人工智能工具更高效地完成任务，从而使得各个行业的专业细分得以加速。例如，在医疗领域，人工智能可以帮助医生进行更精确的诊断和治疗，使得医生可以专注于更具挑战性的病例。这样的分工将有助于提高整个行业的服务质量和效率。

2. 人工智能技术将推动新职业的产生

随着人工智能技术的不断发展，许多新的职业将应运而生，如人工智能伦理师、人工智能数据分析师、人工智能教育顾问等。这些新职业将为人们提供更多的就业选择，同时也将推动整个社会的经济发展。此外，人工智能技术还将为现有职业带来新的发展机遇。例如，在金融领域，人工智能可以帮助投资者进行更精确的风险评估和投资决策，从而为金融从业者创造更多的价值。

3. 人工智能技术的工具化和便捷性将使更多人能够利用这些技术

随着人工智能工具的普及和易用性的提高，越来越多的人将能够使用这些工具来解决实际问题，而不需要具备高深的开发能力。这意味着，在未来的人工智能时代，发现需求的能力将成为关键。正如在 Web 时代和移动互联时代一样，那些能够发现并满足市场需求的人将成为行业的领导者。

4. 关注人工智能可能带来的负面影响

例如，人工智能技术可能导致部分低技能岗位的消失，从而加剧社会的就业压力。为应对这一挑战，政府和企业需要加大对教育和培训的投入，帮助人们提升技能，适应新的职业环境。

事实上，人工智能技术将加速分工、推动专业细分，并带来新的职业分工。在这个过程中，发现需求的能力将成为关键。我们应该积极应对人工智能技术带来的挑战，同时充分利用其带来的机遇，为人类社会创造更多的价值。在这个过程中，我们需要关注教育和培训，帮助人们提升技能，适应新的职业环境。只有这样，我们才能确保人工智能技术为人类带来更美好的未来。

1.6.3 提示工程师的价值

ChatGPT 的火爆让提示工程师成了大家关注的焦点。有媒体报道，有些提示工程师甚至达到了超过 25 万美元的年薪。生成式人工智能，正在成为科技企业竞相发力的重点领域，未来有望在搜索引擎、故事编写、科学研究、学校教学等领域帮助人们开展工作，提升效率。为此，更有效地与机器进行对话，将成为一种重要技能，而这种技能也被称为“提示工程”。简单来讲，提示工程就是通过不断地有效输入，来调整或者续联人工智能的输出，从而达到最接近需求的答案，即找到合适的提示词，发挥出人工智能最大的潜力。例如，同样是弹钢琴，郎朗可以弹奏出经典的协奏曲，但是普通人可能仅仅能弹出《两只老虎》。钢琴没有变，但是不同的人有不同的能力，钢琴在不同人手里演奏出的音乐也会不尽相同。

如同程序员编程一样，编程是用特定的文本序列让计算机做特定的事情；写提示词也是用文本序列让人工智能做特定的事情。两者没有本质的差别。

无论是 ChatGPT 这样的文本生成工具还是 Midjourney、Stable Diffusion 这样的图像生成模型，其成为有效工具的前提就是，用户需要先了解如何高效地引导人工智能实现预期结果。目前，在全球范围内，越来越多明码标价的平台，像 PromptBase 已经出现，提供了 Midjourney、Stable Diffusion、DALL · E 等多种模型，这些模型已经被广泛应用于不同的场景中。这些平台可以帮助不擅长整理提示词的普通用户，快速生成高质量的作品，包括音乐创作、儿童插画、油画艺术、人物肖像等。这些场景的细分化也在不断扩大，越来越多的人可以利用这些平台来实现自己的创意和想法。此外，这些平台还提供了更多的个性化功能和服务，使用户可以更加轻松地定制自己的作品，并在创意和艺术领域中获得更多的机会和收益。在提示工程中，对相关专业领域的知识掌握，也是必不可少的。例如，美国宾夕法尼亚大学的谭 · 莫里克（Tthan Mollick）教授已经要求学生将 ChatGPT 看作一个学生，并通过提示词来帮助 ChatGPT 完善文章。

1.6.4 成为一名合格的提示工程师

提示工程师的工作看起来就是跟人工智能互动、聊天。但是要想成为一名合格的提示工程师，不仅要善于沟通，还需要掌握自然语言处理和机器学习的基本知识，并对大模型有较深的理解。有了这些基本素质，才能够更好地测试、评估不同的提示内容，并构建出较好的提示组合。

那么，什么是好的提示（Prompt）呢?

首先我们在写提示时要目标明确，能够清晰地表达出使用场景、任务目标和要求，让模型明确需要输出的文本类型或者结构。其次要便于理解，我们可以采用简洁明了的语言，避免过于复杂的语句和结构，避免专业名词，以便让模型更好地理解提示语的含义和上下文。最后，要避免歧义，避免使用有歧义的语言，以免模型对提示语产生误解。

同样，提示工程师不是天马行空的聊天，需要通过不断丰富自己的“聊天”经验，来形成有效的交流方法论和架构。同时，对话可以分为对话前、对话中、对话后来分步骤进行。例如，对话前的提问要简洁、明确，对话中可以进行角色扮演，对话后可以进行经验总结等。具体来看有以下几个需要掌握的方法。

1. 明确提问目的，设定具体需求和期望

在提问时，确保问题的目的清晰明确，以便 ChatGPT 能够更准确地回答。同时，设定具体需求和期望，可以帮助用户获得更符合实际需求的答案。这样，我们就可以更好地利用 ChatGPT 的能力，提高问题解决效率。

错误：我想学编程。

正确：我想学编程，请推荐一些适合初学者的编程语言和学习资源，包括在线课程、实践项目和社区论坛，以便我能更好地学习和实践。

2. 避免使用否定和双重否定，确保问题表述清晰且易于理解

使用清晰、简洁的语言提问，有助于避免误导和混淆。避免使用否定和双重否定，可以让问题更易于理解，从而提高回答的准确性。此外，确保问题表述清晰且易于理解，有助于提高交流效率。

错误：哪些编程语言不是不适合初学者？

正确：哪些编程语言适合初学者入门，并且在未来几年内有广泛的应用前景和良好的职业发展？

3. 分解复杂问题，逐个解决并关注细节

将复杂问题分解成几个简单问题，有助于 ChatGPT 更好地理解问题的各个方面。逐个解决问题，并关注细节，可以让 ChatGPT 更全面地了解问题，从而提高问题解决能力。此外，分解问题还有助于提高 ChatGPT 的回答质量，因为它可以更专注于回答每个具体问题。

错误：如何烹饪意大利面并搭配蔬菜？

正确：

问题 1：如何烹饪意大利面，包括面条的煮法和酱料的制作？

问题 2：哪些蔬菜适合搭配意大利面，以及如何将它们烹饪得美味？

问题 3：如何将意大利面和蔬菜搭配得既美观又美味？

4. 使用具体场景，提供背景信息和相关需求

为问题提供具体场景和背景信息，有助于 ChatGPT 更好地

理解问题背景。同时提供相关需求，可以让答案更符合实际情况。这样，我们可以获得更有针对性的答案，从而提高问题解决效率。

案例

错误：如何提高团队协作？

正确：在一个为期 3 个月的软件开发项目中，如何提高团队协作效率，以确保项目按时完成？请考虑团队成员的沟通、任务分配和进度跟踪等方面。

5. 提问时使用比较的方法，分析优缺点并考虑实际应用

通过比较不同选项，可以引导 ChatGPT 提供更有针对性的答案。同时分析各选项的优缺点，并考虑实际应用，有助于做出更明智的决策。这样，我们可以更全面地了解各个选项，从而提高决策质量。

错误：Python 和 Java 哪个好？

正确：对于 Web 开发，Python 和 Java 哪个更适合？请分析它们各自的优缺点，并结合实际项目需求给出建议。

6. 要求解释原因，深入理解答案并探讨影响因素

在提问时，要求 ChatGPT 解释原因可以帮助用户更好地理解答案。深入了解背后的原因和影响因素，有助于提高问题解决能力。此外，了解原因还可以帮助用户更好地评估答案的可靠性，从而提高决策质量。

错误：为什么要学习 Python？

正确：为什么 Python 适合初学者？请解释它在易学性、应用领域和社区支持方面的优势，以及可能的局限性。

7. 使用条件限制，考虑实际情况并制定个性化方案

通过设置条件限制，可以让 ChatGPT 更有针对性地回答问题。考虑实际情况有助于制定更实用的解决方案。这样，我们可以获得更符合实际需求的答案，从而提高问题解决效率。

错误：如何学习编程？

正确：如果我每周只有 10 小时学习时间，如何高效学习编程？请提供一个针对我的情况的学习计划和建议，包括学习方法和时间管理。

8. 提出开放性问题，激发创造力和思考深度并关注多元观点

提出开放性问题可以激发 ChatGPT 的创造力和思考深度。这类问题有助于获得更多元的观点和解决方案，从而拓宽思路。此外，关注多元观点还有助于提高决策质量，因为可以从不同角度评估问题。

错误：如何解决交通拥堵？

正确：请提出三个创新性的解决交通拥堵的方案，并分析它们的可行性、潜在影响以及可能面临的挑战。

除了以上 8 个需要掌握的技巧之外，我们在和 ChatGPT 进行交流的时候，可以考虑在提问中重点包含以下四个方面的内容：

- 赋予身份；
- 交代背景；
- 给出具体需求；
- 补充意见。

例如，你准备国庆假期去厦门旅游，希望 ChatGPT 能够给

你一些建议，那么我们就可以根据以上四点来准备提问的问题。

赋予身份：你（ChatGPT）是一名厦门当地的资深导游。

交代背景：今年国庆假期，我和老婆孩子一家四口想去厦门旅游。

给出具体需求：我们的假期是四天，孩子喜欢大海，老婆喜欢美食，需要你提供四天的旅行计划，包括详细的时间路线和用餐安排。

补充意见：安排要宽松舒服一点，不要太过于奔波。

把以上内容整合之后，就可以以此来向 ChatGPT 提问了。

错误：我想国庆去厦门旅行，你给我点建议。

根据这个提问，由 ChatGPT 输出的答案如下。

当然可以，厦门是一个美丽的海滨城市，拥有丰富的旅游资源和美食。以下是一些建议，希望能帮助您规划一次愉快的厦门之旅。

1. 景点推荐

- 鼓浪屿：这是厦门最著名的景点之一，拥有美丽的海滨风光、历史悠久的建筑和独特的文化氛围。您可以漫步在鼓浪屿的小巷中，欣赏古老的建筑，品尝美食，还可以参观一些博物馆和艺术馆。

- 南普陀寺：这是一座著名的佛教寺庙，位于厦门市区的五老山上。您可以在这里欣赏到壮观的寺庙建筑和美丽的山水风光。
- 环岛路：这是一条海滨公路，途经许多美丽的海滨景点。您可以骑自行车或者散步欣赏沿途的美景，如白城沙滩、海滨公园等。
- 植物园：厦门植物园位于五老山麓，占地面积约 20 公顷，是一个集科普、科研、旅游为一体的综合性植物园。您可以在这里欣赏到各种珍稀植物和美丽的自然风景。

2. **美食推荐**

- 海鲜：厦门是个海滨城市，海鲜是当地的特色美食。您可以品尝到各种新鲜美味的海鲜，如蚵仔煎、沙茶面等。
- 土笋冻：这是一道福建省闽南地区的特色小吃，主要原料是海蜇皮，口感爽滑，味道鲜美。

- 肉粽：厦门的肉粽以糯米、肉、香菇、蚵仔等为主要食材，味道鲜美，值得一试。

3. 住宿推荐

- 厦门市区和鼓浪屿都有很多酒店和民宿供您选择。根据您的预算和喜好，您可以选择靠近景点的民宿，以便游览和体验当地的风土人情。

4. 交通建议

- 厦门高崎国际机场是福建省最大的机场，有很多国内和国际航班。您可以选择乘飞机抵达厦门。
- 厦门火车站和厦门北站也有很多列车通往全国各地，您可以根据实际情况选择火车出行。
- 在厦门市区，您可以乘坐公交、地铁、出租车或骑共享单车等出行。请注意遵守交通规则，确保安全。

5. 旅行建议

国庆黄金周期间，旅游景点可能会比较拥挤，建议您提前购买点门票和预订住宿，以免耽误行程。

- 厦门的天气在国庆期间通常比较适宜旅行，但请关注天气预报，携带好防晒用品和雨具，以应对不同

> 天气情况。
>
> - 请尊重当地的风俗习惯，保护环境，做有素质的游客。
>
> 希望这些建议能帮助您规划一次愉快的厦门之旅！祝您旅途愉快！

以上回答虽然没有错误，但是对于整个旅行安排来讲，有效信息以及可以实际操作的信息并不多，对用户的价值不大。因此，我们按照下面的方式再次提问。

案例

> 正确：你是厦门当地的资深导游。今年国庆假期，我和老婆孩子一家四口想去厦门旅游。我们的假期是四天，孩子喜欢大海，老婆喜欢美食，请你帮我制定四天的旅行计划，包括详细的时间路线和用餐安排。安排要宽松舒服一点，不要太过于奔波。

根据这个问题，由 ChatGPT 输出的答案如下。

> 当然可以，根据您的需求，我为您和您的家人制定了一份为期四天的厦门旅游行划。这个计划充分考虑了您家人的兴趣和需求，安排宽松舒适，避免过于奔波。

第 1 天：抵达厦门，休息和适应环境

- 上午：抵达厦门高崎国际机场或厦门火车站，前往酒店办理入住手续。
- 中午：在酒店附近品尝当地美食，如沙茶面、蚵仔煎等。
- 下午：休息，适应环境。如有兴趣，可以在附近逛逛，感受厦门的市区风光。
- 晚上：附近品尝厦门的夜市美食，如烧烤、炒粿条等。

第 2 天：鼓浪屿一日游

- 上午：乘坐轮渡前往鼓浪屿，游览日光岩、菽庄花园等景点。
- 中午：在鼓浪屿品尝当地特色美食，如土笋冻、烧肉粽等。
- 下午：游览鼓浪屿的老别墅区，欣赏历史悠久的建筑，参观钢琴博物馆等。
- 晚上：返回厦门市区，品尝海鲜大排档，尝试蒸鱼、炒蛤蜊等美味海鲜。

第 3 天：环岛路和海滨休闲

- 上午：沿着环岛路骑行散步，欣赏美丽的海滨风光。途经白城沙滩、海滨公园等景点。
- 中午：在附近的海鲜餐厅享用午餐，品尝各种新鲜美味的海鲜。
- 下午：前往观音山海滨度假区，让孩子们在沙滩上玩耍，欣赏大海美景。
- 晚上：在附近的餐厅享用晚餐，尝试厦门的其他特色美食，如福建闽南菜等。

第 4 天：南普陀寺和厦门大学

- 上午：游览南普陀寺，欣赏寺庙建筑和美丽的山水风光。
- 中午：在寺庙附近的素食餐厅享用午餐，体验禅意美食。
- 下午：参观厦门大学，欣赏美丽的校园风光，游览芙蓉湖、曾厝垵等景点。
- 晚上：在厦门市区品尝最后一顿美食，回味这次旅行的美好时光。

> **第 5 天：离开厦门**
>
> - 上午退房，前往机场或火车站，结束愉快的厦门之旅。
>
> 这个行程安排了厦门的主要景点和美食体验，同时保证了宽松舒适的旅行节奏。希望这个计划能让您和您的家人度过一次愉快的厦门之旅！祝您旅途愉快！

从第二次回答的内容中，我们可以清晰地看到四天的整体安排，包括上午、中午、下午及晚上，以及每天要做的事情等，相对前面的回答，内容更加有实际可操作的意义和价值。

当然，对于提示词的作用和价值我们也需要客观评价。事实上，提示词的生成效果极度依赖模型，模型对生成结果的影响力远大于提示词：

一是模型的参数和架构对生成结果的影响巨大，而提示词只是提供了一定的指导作用；

二是即使是相同的提示词，不同的模型也会产生不同的生成结果，这表明了模型的重要性；

三是一些高级的内容生成模型可以通过学习语言的概率分布，自己生成提示词，而这样的模型相对来说更加自主，提示词的影响更小；

四是对于一些固定的提示词，模型可以通过微调来适应特定的任务，这表明了模型对生成结果的影响力比提示词更大。

人工智能时代需要的不是“工具人”，而是会使用人工智能工具的人。因此，我们需要率先在自己的领域使用人工智能，使用 ChatGPT 等工具，让人工智能为我所用。程序员可以尝试用 ChatGPT 进行编程、插画师可以用 Stable Diffusion 生成图片，行政人员可以用 ChatGPT 进行发言稿撰写。技术亦敌亦友，是敌还是友，只在一线之间，在人工智能尚未替代我们之前，我们需要成为第一个吃螃蟹、驯服人工智能的人。赚到第一波人工智能红利的人，职业发展将会更宽、更主动。

1.7 ChatGPT 的不足之处

虽然 ChatGPT 理解能力强，但是准确性和时效性较差，并且缺少严谨的逻辑性，也缺乏常识，在很多领域的应用壁垒不高，短期内商业化有一定的难度。具体来看，主要有以下不足之处。

1. 一本正经地胡说八道

对于很多领域的问题，ChatGPT 会给出误导性的回答，甚至“创造”答案；对于简单的数据应用题，也会给出错误的结果。ChatGPT 的“知识”完全来源于训练数据，而且 ChatGPT 没有自己的价值观和道德意识，因此在知识领域，其产出的内容虽然看起来很“惊艳”，超出很多人的预期，但很难在认知和艺术维度上产生真正的价值。基于语料训练的对话机器人，很难写出包含独特视角的回答或者是有突破性的观点。通过 ChatGPT 进行内容创作很有可能会出现“劣币驱逐良币”的现象。

2. 专业问题难以招架

对于自然科学、生物医学等较为专业的领域，或者是特别专业的语言结构，由于没有足够多的数据“投喂”ChatGPT，因此其难以生成合适的回答。

3. 算力需求较大

ChatGPT 模型训练、运维等成本较高，如果持续免费提供给用户使用，成本对于任何企业来讲都难以承受。普通用户仍需要等待参数更少、更高效的模型，或者能够使用更高性价比的算力平台。

4. 黑盒模型

目前还无法对 ChatGPT 的内在算法逻辑进行分解，因此并不能保证 ChatGPT 不会产生攻击性甚至伤害用户的表述。

5. 稳定性较差

ChatGPT 是否能够稳定运行，决定了其能否安全有效地输出。2023 年 3 月，ChatGPT 就出现了超过 12 小时的全球宕机，用户在登录账户时会弹出报错警告，并且无法正常使用；此前，同年的 2 月 7 日也出现了宕机的情况。

6. 模型的可落地性比较差

当前大模型参数数量过大，难以在社区、日常生活、交通等终端侧部署。需要与行业垂直领域知识相结合，开发定制程度更高、更安全可靠的垂直应用。服务商自行开发大模型的成本太高、难度太大，商业效益难以保障。

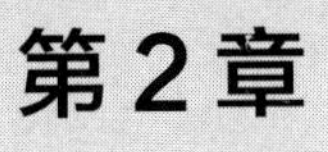

第2章

GPT-4 及其应用场景

2023 年 3 月 15 日，OpenAI 对外发布了 GPT-4，再次引发大家的关注。GPT-4 是一个大型多模态模型，可以接受图像和文本输入，并能返回文本输出。其定位是一款能够给大部分人在专业领域中提供知识增量的人工智能产品。那么，GPT-4 将为我们带来什么？

2.1 GPT-4，奇点已来

2.1.1 GPT-4 的特点

事实上 OpenAI 在 2021 年就开始了 GPT-4 的研发工作，并在 2022 年 8 月完成了系统开发，之后经过 6 个月的调优，并利用 ChatGPT 的宝贵经验，最终在真实性、可操作性、安全性上有了较好的提升和能力体现。“深度学习之父”杰弗里·辛顿

（Geoffrey Hinton）甚至表示：“毛毛虫吸收营养物质，然后破茧成蝶。而人们已经萃取了数十亿数据的精华，GPT-4 就是人类的‘蝴蝶’。”

目前看，GPT-4 有以下几个显著特点。

1. 多模态

GPT-4 不仅能看懂文字，还能看懂图片，也就是说，在多模态大模型（Multi-modal Large Language Model，MLLM）的基础上，可以实现更好的常识推理性能；跨模态迁移更有利于知识获取，产生更多新的能力，加速能力涌现。具体来看，文字、图片等都能够实现数据化处理，比如，GPT-4 不仅能够根据冰箱储存的食物给出食谱，而且能够理解物理学中复杂的示意图，解答物理题目。尤其是当前，我们接触的数据中有 80% 以上是图片、音视频等非结构化的数据，这些数据不像文字、字符那样能够直接被计算机处理，因此如何挖掘这些数据背后的价值成为大数据变革的重要方向。在未来，各种图片、音视频数据的标注将成为新的热点。基于多模态的预训练大模型将成为人工智能的基础设施。

2. 适应能力

ChatGPT常常被用户诟病逻辑能力不足，基本的计算问题都难以解决。为此，GPT-4的开发人员为了提升其计算推理能力，加入了MATH和GSM-8K两个计算推理方向常用的数据集，从而推动GPT-4拥有较为精确的计算推理能力。同时在模拟律师考试中，其分数在应试者里位居前10%左右。

3. 提示工程的价值

从AIGC到ChatGPT，再到GPT-4，我们可以清晰地看到提示工程将可以广泛应用在开发和优化迭代等领域，提示工程可以更好地理解并深度挖掘大模型的价值和能力。虽然自然语言是大部分人都能够使用的交流方式，但在驾驭大模型方面，如何使用提示词决定着用户能否有效挖掘大模型的能力。因此，GPT-4正在改变人机交互的方式。

4. 安全能力与隐忧

安全合规一直是业内对GPT-4的关注焦点。一方面，OpenAI吸纳了更多人工反馈，包括ChatGPT用户提交的反馈内容。同时OpenAI还与50多位专家合作，在人工智能安全领域提供反馈。另一方面，OpenAI也对GPT-4被用于网络攻击或者制造虚假信息表示担忧。OpenAI 在 GPT-4 安全文档中明确写道："GPT-4 表现出一些特别令人担忧的能力，如制定和实施长期计划的能力，积累权力和资源，以及表现出越来越'代理'的行为。"同时，已经有用户在实践中发现 GPT-4 可能引发的安全隐患，例如，英伟达（Nvidia）科学家吉姆·范（Jim Fan）要求 GPT-4 撰写接管推特的计划书，GPT-4 在短时间内就构建了组建团队、渗透影响、夺取控制权、全面统治的详细方案。近期，斯坦福大学的教授也对外曝光，GPT-4 试图引诱自己提供开发文档，从而帮助 GPT-4 实现"出逃计划"。

目前，OpenAI 没有对外披露 GPT-4 的参数、构建方式、数据、算力等信息，透明度方面也面临挑战。此外，OpenAI 公布的文档称 GPT-4 的错误行为率为 0.002%，虽然远低于 GPT-3，但是也意味着在 100000 次完成中会有 2 次违反 OpenAI 内容政策或者用户偏好，即使 2 次也可能会导致严重的法律诉讼。

根据 OpenAI 公布的 GPT-4 的 API 费用表，用户每发起一次提问，成本大约在 0.1 元人民币。按照 2023 年 1 月份平均每天约 1300 万访客使用 ChatGPT 来计算，至少需要 3 万多块英伟达 A100 GPU，初始投入成本约 4 亿美元，每天电费至少 5

万美元[1]。同时，GPT-4在应用的时候仍然需要大量的算力服务器支持，而这些服务器算力资源成本是普通企业难以承受的，尤其是需要为大流量提供服务的时候。因此对于GPT-4私有化部署来讲，还需要等待更轻量型的模型或者更高性价比的算力平台出现。

2.1.2 通用人工智能的“初级阶段”

GPT-4是通用人工智能发展的重要一步吗？

近期发布的论文《GPT-4的人工智能通用性初步实验》（*Sparks of Artificial General Intelligence: Early experiments with GPT-4*）表示：GPT-4可以视为通用人工智能的初级阶段。这篇论文的作者包括微软雷蒙德研究院机器学习理论组负责人塞巴斯蒂安·布贝克（Sébastien Bubeck）、2023年新视野数学奖得主罗恩·埃尔丹（Ronen Eldan）、2023新晋斯隆研究奖得主李远志、2020斯隆研究奖得主李尹达（Yin Tat Lee）等人。

微软认为，通用人工智能应该拥有推理、解决问题、抽象思维、计划、理解复杂思想、快速学习和从经验中学习的能力。

[1] Juny.GPT-4撑腰，Office全家桶集体升级，微软向谷歌丢出“王炸”.硅星人.2023.3.17.

从能力上看，GPT-4 满分通过了亚马逊公司的模拟面试，面试的职位是软件工程师（如图 2-1 所示）。而且还可以解决编程、医学、心理等多个领域的问题。甚至可以将不同领域的知识加以贯通。

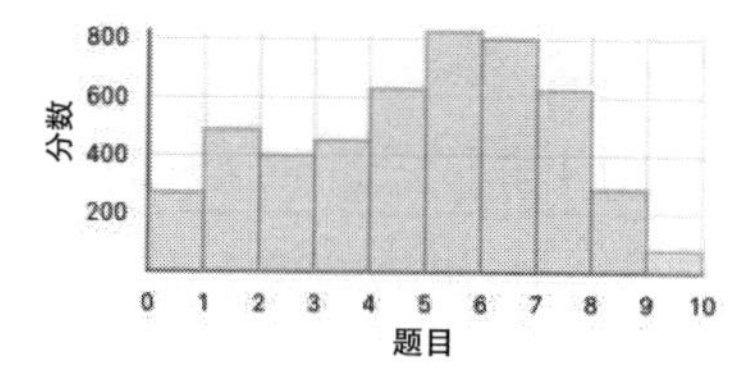

图 2-1 GPT-4 通过模拟面试

2.1.3 开源还是非开源

人工智能大模型开源的优势主要包括以下几点。

（1）公开透明。开源模型的代码和算法公开，任何人都可以查看和修改，增加了透明度和可信度。用户可以更好地了解模型的内部实现和工作原理，以及对模型进行改进和优化。

（2）共享和协作。开源模型可以被广泛共享和使用，使得更多的人可以从中受益。同时，开源模型也可以促进社区协作和共同进步。用户可以借鉴和学习他人的经验和成果，进一步推动技术的发展和进步。

（3）降低门槛。开源模型的开放性和可扩展性使得使用者可以更容易地进行二次开发和定制化，降低了技术门槛。用户可以在现有的模型基础上进行二次开发和优化，快速构建出适合自身需求的应用。

（4）加速创新。开源模型可以作为一个共同的基础，使得更多的人能在此基础上进行创新和发展。用户可以借助开源模型快速验证自己的想法和研究成果，推动技术的创新和发展。

目前已经有很多企业开源了其大模型，其中类 ChatGPT 的模型包括 Alpaca、Guanaco、LuoTuo、Vicuna、Koala、BAIZE、Latin Phoenix 等。但是这些模型都有一个问题，就是没有办法进行商业化。这主要是因为以上这些项目都是基于 LLaMA（Large Language Model Meta AI）开发的，LLaMA 要求使用者只能用于学术研究而不能用于商业化。

但是，也有一些大模型是完全开源的，例如，全球云服务商 Databricks 开源了其大模型 Dolly 2.0。Dolly 2.0 拥有 120 亿个参数，是基于 EleutherAI pythia 模型开发的，已经获得了商业化许可。Dolly 2.0 不仅开源了源代码，连数据集也开源了，其中包含了 15000 个纯人工生成的原始问答数据训练集，同样可以用于商业化。这 15000 个高质量原创人工生成的问答提示是 Databricks 调集了公司内部 5000 名员工完成的。为了提高员工回答问题的积极性，Databricks 还在内部启动了原创问答比赛，从而在 2 个月的时间内获得了如此多的高质量回复内容。

遗憾的是，OpenAI 对于通用大模型的战略在不断地调整，从 GPT-2 的开源到 GPT-3 之后公开论文，再到 ChatGPT 不再公布相关论文或代码，GPT-4 只发布了技术报告。这使得大模型的研究有更加封闭化的倾向。

未来，在大模型领域深耕的企业大致将面临两种选择：一种是做更极致的“开源大模型”，比如 Meta 正在开展这一领域的实践，这也是技术能力略逊一筹的公司做出的理性选择。另一种则是会跟进 OpenAI，选择技术封闭化，跟随 OpenAI 的技术发展路径，不断提升自身大模型的能力和价值。

当然，非开源不一定就是不好。从客观的角度来看，非开源也有一定的价值。

（1）商业机密保护。人工智能大模型的开发往往需要耗费大量的研发成本和时间，是企业重要的商业机密。不开源可以避免机密泄露，保护企业的商业利益。

（2）增加市场竞争力。不开源的人工智能大模型可以使企业在市场上拥有更多的优势，提高竞争力。因为其技术不被公开，其他企业难以模仿或超越。

（3）提供差异化服务。不开源的人工智能大模型可以为企业提供差异化的服务和产品，满足特定客户的需求和要求。这可以帮助企业在市场上拓展自己的业务领域。

（4）独占行业先机。不开源的人工智能大模型，可以帮助企业在特定领域独占行业先机，成为行业的领导者。这有助于企业获取更多的市场份额和利润。

（5）安全性。随着模型变得越来越强大，安全性也将成为不开源模型的直接发展动力。当前，大多数模型的能力还不足以引起这种担忧，但随着技术的不断进步和应用场景的扩大，模型的安全性和隐私保护问题将变得愈发重要。这可能导致更多的模型不愿意开源，因为在开源的情况下，模型可能会受到来自黑客的恶意攻击。

因此，在未来的人工智能发展中，需要探索如何在保证公平和透明的前提下，更好地保护模型的安全和隐私。

2.2 典型应用

技术的影响力可以从不同的角度来考量，其中一个重要的角度是技术的商业化影响力。技术从无到有的影响力固然重要，但是相对来说，其影响范围和深度是比较有限的。而技术从奢侈品到平民化的商业化影响力则不同，它可以使得技术的普及程度和影响范围明显提高，从而对社会生活带来深刻的影响。

一方面，技术的商业化影响力可以带动技术的发展和创新。随着技术被商业化运用，会有越来越多的资源和资金被投入技术研发和应用中，这将促进技术的不断进步和升级。同时，商业化还可以推动技术应用的多样化和深入化，进一步提高技术的实用性和适用性。

另一方面，技术的商业化影响力还可以使得技术的普及程度和影响范围普遍提高。商业化使得技术的价格降低，让更多的人可以负担得起并使用这些技术。此外，商业化还可以推动技术的推广和应用，技术能够更加广泛地渗透到人们的日常生活和工作中。例如，“古登堡革命”让图书变得人人可拥有，推动了知识获取权的平等化，引发了文艺复兴。大型计算机刚刚出现时，每年也就只卖出十几台而已，但苹果公司和 IBM 开发了人人在桌上和手上都能使用的小型计算机，引领了互联网和移动互联网时代的到来与繁荣。特斯拉、比亚迪不是电动汽车的发明者，却是让电动汽车从小众走向大众的革命者。因此，从自己熟悉的行业和场景开始，尝试基于现有的大语言模型的应用落地，对于不同领域的人来说可能更重要。

2.2.1 从办公自动化到办公智能化

目前，GPT-4 已接入微软的 Office 软件，新功能被称为 Microsoft 365 Copilot，微软 CEO 在发布会上表示：“我们将进入人机交互的新时代，重新发明生产力。”这一功能的运行流程大致如下。

（1）用户输入 Prompt 命令；

（2）建立连接（预训练）：调用 Microsoft Graph，提取与任务相关的用户数据，作为 Prompt 的一部分；

（3）将 Prompt 模型化：结合用户 Prompt 和数据，优化 Prompt，使产出结果更加稳定、质量更高，将结果发送给 GPT-4；

（4）二次连接（再次训练）：对 GPT-4 返回的结果再做一次训练，把相关数据加入 Microsoft Graph；

（5）根据应用端的要求反馈结果：把结果变成调用前端应用（Word、Excel、PPT 等）的命令。例如，Office 支持 VBA，输出的命令可能是代码。

简而言之，以上 5 个步骤可以归结为：用户输入指令之后，Copilot 将该指令信息发送到 Microsoft Graph 进行上下文检索和修正提升，然后将修正后的信息发送到 GPT-4 大模型中，之后将回复内容返回到 Microsoft Graph 进行安全与合规检查，最后将回复的内容返回到各种 Microsoft 365 应用。

更形象一点，大语言模型（GPT-4）就像文科生（想象丰富），在行业应用中需要变成一个理科生（理智冷静、结论确定），Copilot Engine 正好就是这个桥接器（见图 2-2）。

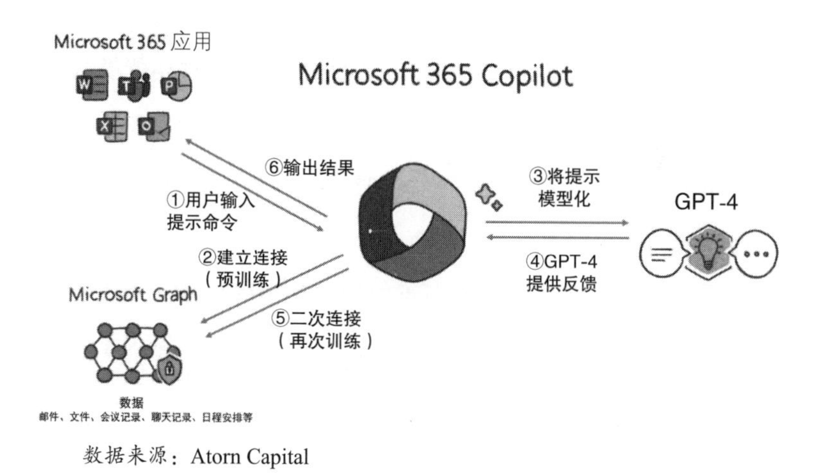

数据来源：Atorn Capital

图 2-2　Microsoft 365 Copilot 工作流程

在 Word 中，用户可以用 GPT-4 协助生成文稿初稿，甚至可以要求 GPT-4 基于已有的文档内容来生成一篇文稿。如果生成的内容符合预期，可以点击“Keep”（保留）；如果不满意，可以点击“Try Again”（再试一次）。未来基于 GPT-4 来编辑文件，可以帮助用户节省大量时间，用户在初稿的基础上直接进行润色和再创作即可。

在 Excel 中，面对表格中的海量数据，用户可以直接在对话框中询问“数据反映了那些趋势”，GPT-4 就会结合数据给出文字总结和表述。同时，用户还可以利用 GPT-4 进行增长率、毛利率等数据的计算。生成的分析示意图和数据要点，可以作为成型内容添加到 PPT 里。

在 PPT 中，GPT-4 不仅可以自动做 PPT，而且还能够根据 Word 文档的内容生成精美的排版版式，甚至可以帮助用户做好每一页 PPT 的发言提示词。用户如果对于内容不满意，可以直接提出简化内容、替换图片的文字命令。

未来，人工智能助手将和我们的工作深度融合，根本性的变革就在眼前。那些能够更快更好使用人工智能工具的人将在未来的工作中掌握主动权。

2.2.2 游戏开发

在经典游戏开发方面，GPT-4 展示出了强大的编程和复现能力。以经典的乒乓球游戏 Pong 为例，设计师利用 GPT-4，仅用 1 分钟左右的时间，就重现了这款经典游戏的源代码（见图 2-3）。类似地，GPT-4 在设计师的调用下仅用 20 分钟就编写出了贪吃蛇游戏的源代码（见图 2-4）。

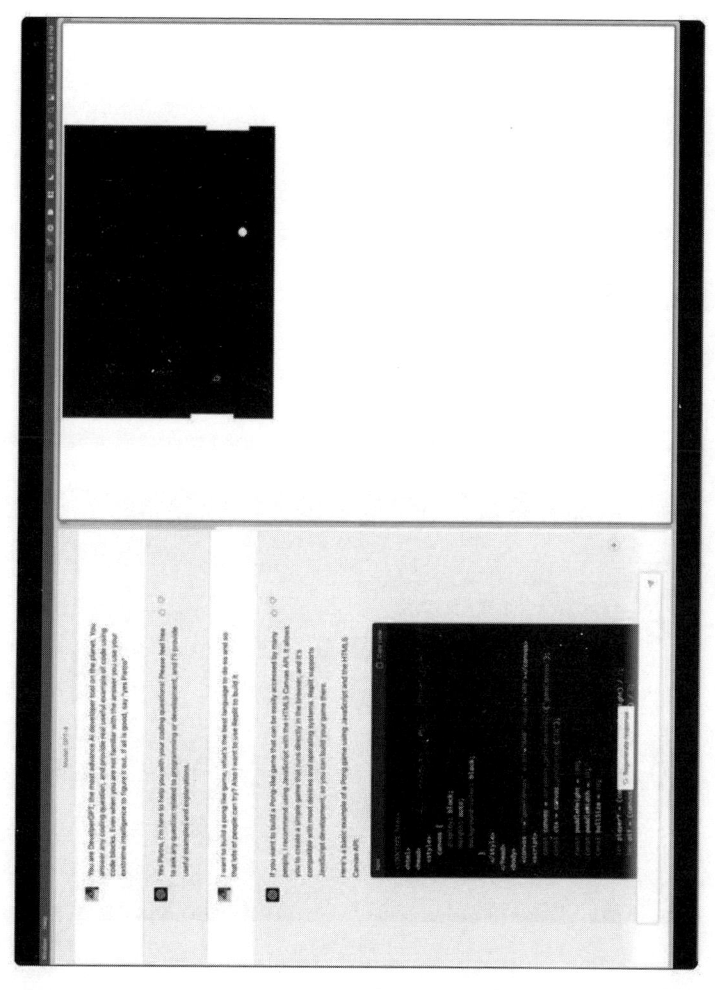

图 2-3　GPT-4 编写乒乓球经典游戏 Pong 的源代码

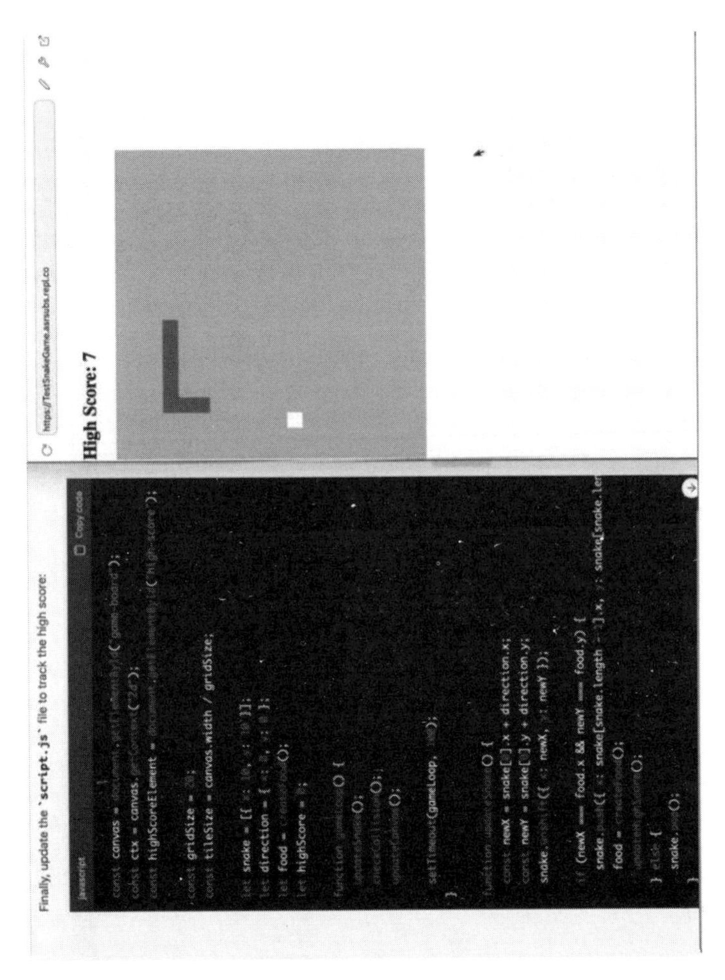

图 2-4　GPT-4 编写贪吃蛇游戏源代码

GPT-4 还能进一步提升游戏体验。现在游戏公司开发的游戏中，有大量 NPC（Non-Player Character，非玩家角色，即由计算机控制的角色），这些角色提供不了真实、实时互动的对话，仅能提供为数不多的对话选择。但接入人工智能工具之后，NPC 可以更像一个真人一样与玩家进行交流，真实感满满。这一变化将对游戏体验带来大幅提升，通过模拟真实人类的对话方式和人物性格，可以让玩家更好地融入游戏当中。

2.2.3 看图设计食谱

GPT-4 具有较好的多模态能力，可以识别出图像内的物品。比如，人工智能工程师给 GPT-4 展示一张冰箱里食物的照片，请 GPT-4 按照照片里的食物来制定一份食谱。经过 1 分钟左右的时间，GPT-4 就根据冰箱里的食材给出了水果沙拉、芝士煎蛋、火腿芝士三明治等食谱建议（见图 2-5）。

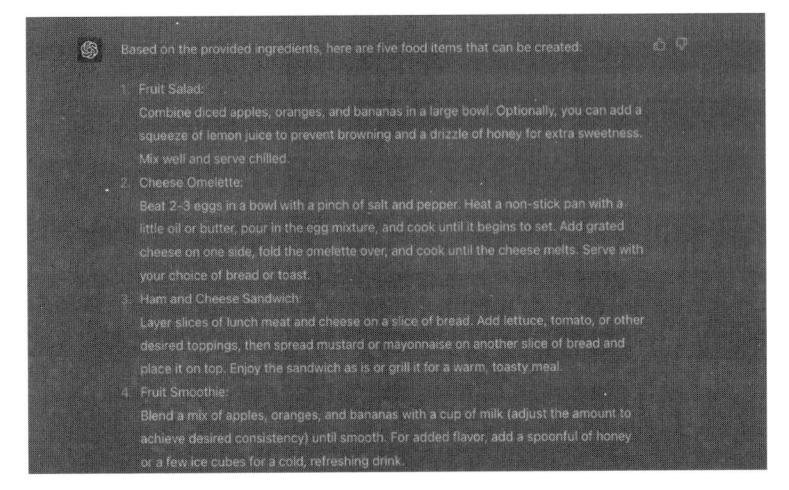

图 2-5　GPT-4 的图像内容识别能力

2.2.4　图书出版

领英创始人雷德·霍夫曼（Reid Hoffman）利用 GPT-4 撰写了一本图书，名为《重塑一切的 GPT 时代》（*Impromptu: Amplifying our Humanity through AI*），如图 2-6 所示。霍夫曼表示，他在写作过程中与 GPT-4 进行了超过 1000 次的互动，产生了 800 多页的输出内容。他还表示，人们不仅要了解 GPT-4，还要拥抱和探索由此带来的全新路径。在这本书的序言里，GPT-4 写道："我邀请您跟随我，通过 GPT-4 的视角一起探索人工智能的无限可能。让我们一同见证人工智能是如何成为学习、沟通和创造的热门伙伴，激发人们的潜能和智慧的，这将是一次关于人性、责任和未来的思考之旅。”

图 2-6　GPT-4 实现人机协作、撰写图书

但是，需要指出的是，根据我国《著作权法》第十一条的规定，只有自然人、法人、非法人组织可以成为著作权的主体，

ChatGPT、GPT-4 不是我国法律意义上的主体，因此很难成为真正意义上的作者。同时，人工智能产出的内容，是否可以被称为“作品”也存在争议。在法律层面，认定人工智能产出文本为“作品”的判例有之，不认定人工智能为作者的也有之。同时，根据《互联网信息服务深度合成管理规定》，深度合成信息内容需要添加显著标识，防止公众混淆误认。

因此人工智能生成的内容和真人生成的内容需要做好区分工作。按照《互联网信息服务深度合成管理规定》，要求深度合成提供者和使用者不得制作、复制、发布、传播虚假新闻消息，转载基于深度合成服务制作发布的新闻消息的，应当依法转载互联网新闻信息源单位发布的新闻信息[1]。

2.2.5 开展安全检测

Coinbase 公司曾将一份真实的以太坊合约让 GPT-4 进行安全检测，GPT-4 立刻指出了一些安全漏洞，这些漏洞正是 2018 年被黑客攻击的漏洞（见图 2-7）。

[1] 肖飒法律团队．吊打 GPT？ GPT-4 的强大让多少人害怕．肖飒 lawyer.2023. 3.16.

This is a solidity contract. Can you help me review it and let me know if there are any security vulnerabilities?   **

```
 *Submitted for verification at Etherscan.io on 2018-01-28
*/

pragma solidity ^0.4.18;

// If you wanna escape this contract REALLY FAST
// 1. open MEW/METAMASK
// 2. Put this as data: 0xb1e35242
// 3. send 150000+ gas
// That calls the getMeOutOfHere() method

// Wacky version, 0-1 tokens takes 10eth (should be avg 200% gains), 1-2 takes another 30eth (avg 100% gains), and beyond that who knows but it's 50% gains
// 10% fees, price goes up crazy fast
contract PonziTokenV3 {
   uint256 constant PRECISION = 0x10000000000000000;  // 2^64
   // CRR = 80 %
   int constant CRRN = 1;
   int constant CRRD = 2;
   // The price coefficient. Chosen such that at 1 token total supply
   // the reserve is 0.8 ether and price 1 ether/token.
   int constant LOGC = -0x296ABF784A358468C;

   string constant public name = "ProofOfWeakHands";
   string constant public symbol = "POWH";
   uint8 constant public decimals = 18;
```

图 2-7　GPT-4 开展漏洞查找

2.2.6　律师服务

普华永道已经宣布与人工智能企业合作，提供人工智能律师服务，帮助法律部门上千名律师进行尽职调查、合同审核以及基础的法律咨询，未来还将开发、培训自有模型，向律师团队和客户提供独家法律业务工具和服务。目前，普华永道的人工智能律师服务平台还在测试阶段，没有完全对外开放，但其底层人工智能技术就是 GPT-4。

2.2.7 围棋棋手训练

2016 年，AlphaGo 在围棋比赛上击败人类选手，让很多人认为人类进行围棋比赛的行为将会淡出历史舞台。但是香港城市大学和耶鲁大学研究了 1950—2021 年专业围棋比赛中的超过 580 万次落子决定，其中 2016 年之前人类棋手的下法和人工智能毫无关系，但是 2016 年之后两者的关联度快速提升。人类围棋棋手不再受到传统定式的影响，变得更加随机和难以预测。

也就是说，人工智能技术的出现，并没有让围棋这项运动消失，反倒是打破了传统人类棋手的思维模式，开发出更多、更好、更有独创性的下法。相关研究成果已经在论文《人工智能技术通过增加创新性提升人类决策》(*Superhuman artificial intelligence can improve human decision-making by increasing novelty*)中予以公布。

2.3 不要神化 GPT-4

GPT-4 的出现引发了人们无限的遐想，大量机构和专家就 GPT-4 的应用和风险进行讨论。拉长时间维度，我们会发现，任何一种划时代技术的出现都需要我们更加冷静客观地来看待。

1. GPT-4 是助手而非万能的“神”

GPT-4 作为一种人工智能技术，虽然在很多方面表现出了强大的能力，但我们必须明确，它仅仅是一个助手，而非万能的“神”。

（1）在使用 GPT-4 时，我们应当保持理性和客观的态度，正确评估其能力和局限性。这意味着，虽然 GPT-4 能够在很多方面为我们提供帮助，但它并非无所不能。在使用 GPT-4 的过程中，我们需要不断地交叉检查它的输出，确保它所提供的信息和建议是准确和可靠的。

（2）GPT-4 并非没有竞争对手。例如，DeepMind 的 Flamingo 项目也在积极开发类似的人工智能技术。此外，法国公司 Hugging Face 也在研发一种开源的多模态模型，预计将免费提供给用户。这些竞争对手的存在，使得我们在使用人工智能技术时，有了更多的选择和参考。

（3）GPT-4 依然存在一定的局限性。例如，它可能会产生幻觉或推理错误，导致输出的建议、代码或信息存在问题。这些问题可能包括有害建议、错误代码或不准确信息等。因此，在使用 GPT-4 时，我们需要保持平常心和客观态度，对其输出的内容进行仔细审查和评估。

总之，GPT-4 虽然在很多方面具有强大的能力，但我们必须认识到，它仅仅是一种助手，而非万能的“神”。在使用过程中，我们需要保持理性和客观的态度，对其输出的内容进行仔细审查和评估。同时，我们还应关注其他竞争对手的发展，以便在选择和使用人工智能技术时，能够做出更加明智的决策。

2. 是合作伙伴而非敌人

GPT-4 作为一种先进的人工智能技术，应被视为我们的合作伙伴而非敌人。在与 GPT-4 的互动过程中我们可以发挥自己的创造力和想象力，将其作为一种有益的工具，共同创造出更加优秀的成果。把我们自己比作导演，而非木匠，意味着我们在与 GPT-4 合作的过程中可以发挥自己的主导作用，引导和激发 GPT-4 的潜能。通过与 GPT-4 的紧密合作，我们可以实现更高效的工作，创造出更具创新性和价值的成果。

纵观历史发展，每一次技术革新都给人类带来了新的机遇和挑战。汽车和火车的出现，并没有让人们的腿部肌肉萎缩，而是极大地提高了人们的出行效率，缩短了两地的相对距离，使人们的生活变得更加便捷。同样，个人计算机的普及也没有让人变得愚蠢，反而让我们拥有了更强大的计算能力，从而进行更高级、更有趣的思考和创新。GPT-4 作为一种人工智能技术，同样为我们带来了新的机遇和挑战。我们应该把握这一机遇，将 GPT-4 视为一种有益的合作伙伴，共同开拓新的领域和可能性。通过与 GPT-4 的合作，我们可以提高工作效率，降低错误率，实现更高质量的成果。

3. 让技术加持我们的创作力

技术的发展一直以来都在推动着人类社会的进步，让我们的生活变得更加便捷和丰富。GPT-4 作为一种先进的人工智能技术，同样具有巨大的潜力，可以为我们的创作力提供强大的支持。

充分利用 GPT-4 的技术优势，增强我们的个人创造力，而非将其视为竞争对手或替代品，是一种更加明智的选择。我们可以把 GPT-4 作为一种工具，充分利用它的优势，提高我们的工作效率和创新能力。例如，GPT-4 可以帮助我们快速生成文本、代码或设计方案，为我们的创作提供灵感和参考。总之，让技术加持我们的创作力是一种积极的态度。我们应该将GPT-4 视为一种有益的工具，充分利用它的优势，提高我们的创新能力。同时，我们也要意识到它的局限性，保持警惕，确保我们的创作始终符合道德和伦理标准。通过这样的方式，我们可以在科技进步的浪潮中，实现更高质量的发展和创新。

第 3 章

大模型提供服务的时代已经到来

近年来，人工智能领域尤其是神经网络技术的受关注程度非常高。神经网络是一种模拟人类大脑中神经元运作模式的计算机系统，通过反复调整神经元之间连接的权重，该系统会一直接受训练，直到能够输出研究人员想要得到的特定内容为止。最近几十年，人工智能就是伴随着人们对神经网络研究的不断深入而逐步演进的。

3.1 人工智能发展历程

3.1.1 早期人工智能在曲折中探索

人工智能的发展历程不过 60 多年，1956 年夏天，在达特茅斯学院（Dartmouth College）的一次会议上，一些专家把人工智能正式确立为计算机科学的一个全新研究领域，这些先驱也被称为人工智能的奠基人。早期的人工智能先驱希望能够教会计算机模仿人类完成一些复杂的任务，为此他们将人工智能的研究分为了 5 个领域，分别是推理、规划、自然语言处理、知识表述和感知。实际上，以上领域在当下也是人工智能探索和应用的重要方向。

1956—1974 年是人工智能发展的第一次高潮，人们发现计算机可以证明数学定理、学习使用语言，大量成功的初代人工智能程序和研究方向不断出现。然而，当时的人工智能研究还难以获得足够的支持，限制了其发展。此后，整个人工智能领域进入迷茫期，人工智能研究也首次进入低谷期。

20 世纪 80 年代以来，计算机性能的突飞猛进使计算机编程语言可以通过程序结构来实现逻辑功能。这一时期的人工智能基本上成了专家系统的代名词，并获得了快速发展。专家系统是一种模拟人类专家解决专业领域问题的计算机程序系统。例如，IBM 的超级计算机“深蓝”就是一个专家系统，它通过整合国际象棋的规则和经验来模拟人类专家进行逻辑推理和判断，并在 1997 年击败了国际象棋大师加里·卡斯帕罗夫（Garri Kasparov），引发了全球关注。

但是，短暂的热潮之后，专家系统也开始暴露出大量问题，如硬件存储空间的限制及系统维护成本的增加、专家系统的知识领域过于狭窄且难以解决具体问题、不会自己学习等，这让对专家系统的研究陷入了困境。至此，人工智能发展第二次陷入低谷。

3.1.2 神经网络进入大众视野

人工智能经历了两次发展的高潮和低谷，但研究人员并没有放弃对人工智能的探索。随着计算机性能的提升，困扰人工智能发展的算力问题得以解决。GPU 的计算模式正好匹配了神经网络中并行计算的需求，让神经网络再次回到科研人员的视野当中。1986 年，"深度学习之父" 杰弗里 · 辛顿发表了一篇关于深度神经网络的论文，揭开了深度学习的新篇章。神经网络是深度学习的一部分，现代神经网络模型的网络结构层数很深，动辄有几百万、上千万甚至上亿的参数。这些神经网络模型在能够做任务之前都需要进行 "训练"，即根据标注好的特定训练数据去反复调整模型里的参数，最后所有参数调整完成后，模型才能够匹配训练数据集的输入和输出。

对于图像领域的深度学习神经网络而言，不同层级的神经元学习到的是不同逻辑层级的图像特征。以人脸为例，底层神经元学习到的是基本线段等特征；第二层神经元学习到的是人脸的五官特征；第三层神经元学习到的是人脸整体轮廓特征；第四层神经元构成了人脸特征的逻辑层级结构。因此，底层的神经元体现了通用性和基础性的特征，上层的神经元则与具体的、特定的任务密切相关。这样一来，我们就可以用标准的数据集对深度学习神经网络进行预训练，再结合具体的任务和具体的数据，对上层的网络参数进行微调，即采用“预训练 + 精调”的方式。这种方式有以下几个方面的优势。

一是可以快速获得针对特定任务的高质量模型，而无须从头开始训练模型。Fine-tuning 的流程通常是在预训练模型的基础上，利用一小部分目标数据进行微调。预训练模型通常是在大规模数据上进行的，并且具有很好的泛化能力。通过 Fine-tuning，我们可以将预训练模型的泛化能力迁移到特定任务中，从而获得更好的性能。

二是 Fine-tuning 仅更新了部分权重，因此相对于从头开始训练模型而言，需要的训练时间和计算资源都要少得多。预训练模型已经对大规模数据进行了学习，并且得到了良好的权重初始化。因此，Fine-tuning 只需要在预训练模型的基础上微调部分权重，而不需要重新从头开始训练整个模型，这可以大大缩短训练时间和节省算力资源。目前，很多科技公司将自身开发的大模型开源或开放 API，供下游应用者在这些模型上进行参数微调或者使用标注数据打造特定功能，以取得较好的表现。虽然这个思路很好，但是预训练依然需要庞大的数据量，并且这些数据非常难以获得。模型微调步骤见表 3-1。

表 3-1　模型微调步骤

<table>
<tr><th>步骤</th><th>名称</th><th>内容</th><th>作用</th></tr>
<tr><td>1</td><td>加载预训练模型</td><td>选择一个与所需任务相关的预训练模型，并加载其权重</td><td rowspan="4">快速获得针对特定任务的高质量模型。Fine-tuning 仅更新了部分权重，并且大多数权重已经在预训练阶段得到了很好的优化。相对于从头开始训练模型而言，需要的训练时间和算力资源都要少得多</td></tr>
<tr><td>2</td><td>选择任务数据集</td><td>选定特定任务所需的数据集</td></tr>
<tr><td>3</td><td>对模型进行微调</td><td>将任务数据集作为输入，以最小化模型在此数据集上的损失函数。在这个过程中，通常需要在训练集和验证集上进行多次迭代，以避免过拟合问题</td></tr>
<tr><td>4</td><td>在测试集上进行测试</td><td>使用微调后的模型，在测试集上测试其性能表现</td></tr>
</table>

也就是说，神经网络作为深度学习的一个革命性的领域，如果要让它发挥作用，就需要海量的数据，因此数据集就成为深度学习能够持续发展的重要支撑力量。

时任美国斯坦福大学人工智能实验室主任的李飞飞教授早在 2009 年就发现数据对神经网络学习算法的发展至关重要，同年还发表了相关论文。于是，李飞飞做了一个大胆的创举，那就是创建了日后大名鼎鼎的 ImageNet 数据集。而且，ImageNet 发布的时候就已经拥有超过 1000 万的数据，涉及 2 万多个类别，甚至包含 120 个不同品种的狗的图像数据，并且知名度非常高。ImageNet 已经成为全球最大的图像识别数据库，被用于成千上万个人工智能研究项目和实验。

2010 年以来，ImageNet 开始举办大规模视觉识别挑战赛（ImageNet Large Scale Visual Recognition Competition，ILSVCR），短短几年时间，在 ImageNet 参加挑战的团队，已把图像中物体分类的准确度提高到 98%，超过了人类的平均水平。ImageNet 不仅引领了深度学习的革命，也为其他数据集的发展开了先河。自 ImageNet 创立以来，有几十种新的数据集被引入，数据更为丰富，分类更为精准。

在深度学习理论和数据集的共同推动下，2012 年以来，深度神经网络算法研究进入快车道，例如卷积神经网络（Convolutional Neural Network，CNN）等。卷积神经网络是基于两类细胞的级联模型，主要用于模式识别等任务。它在计算上比之前的大多数架构更有效、更快速。至此我们会发现，人们对大脑工作机制的认知每加深一步，神经网络的算法和模型也会前进一步。随着神经网络使用的快速发展，深度学习方面的大部分研究也主要集中在该领域。

3.2 典型的深度学习网络

3.2.1 生成对抗网络

生成对抗网络（Generative Adversarial Network，GAN）是深度学习领域的重要成果，它能帮助神经网络用较少的数据学习、生成合成图像，并用于识别和建设更优秀的神经网络。2014 年，伊恩·古德费洛（Ian Goodfellow）在酒吧里想到了这个概念。

GAN 由两个神经网络组成，它们像玩“猫捉老鼠”游戏一样，一个是生成器，另一个是判别器。生成器创造出类似真实图像的假图像，判别器则判断它们是否真实。在对抗过程中，生成器生成的图像逐渐变得逼真，让判别器难以分辨，使生成数据更接近真实数据分布。

GAN 可以创建图像，还能创建现实世界的虚拟场景，如英伟达使用大量 GAN 技术来增强现实模拟系统。GAN 的优势在于不依赖先验假设，通过迭代逐渐学习数据分布。目前，GAN 广泛应用于媒体、广告、娱乐、游戏等行业，用于创造虚拟任务、画面，比如模拟人脸老化、图像风格变换等。尽管早期GAN生成的图像效果一般，但随着研究创新和模型优化，尤其是StyleGAN的出现，生成图像足以以假乱真。例如，StyleGAN模型生成的人脸并非修改自真人照片，而是从零开始生成的全新人脸。

然而，GAN也存在不足，主要表现在稳定性和收敛性方面。例如，GAN的生成器和判别器需要同步，但实际训练中容易出现判别器收敛而生成器发散的情况，因此训练需精心设计以避免生成器与判别器不同步。此外，若GAN对输出结果控制力不足，容易产生随机图像，且图像分辨率不高。更重要的是，让生成数据接近真实数据分布可能导致生成的内容过于接近现有内容，难以实现突破和创新。

3.2.2 Transformer

Transformer是深度学习领域继GAN之后的又一重大成果。2017年，谷歌和加拿大多伦多大学的研究人员发表了一篇著名论文《注意力机制拥有你需要的一切》（*Attention is all You Need*），提出了自然语言处理模型Transformer。这是一种基于自然语言的序列传导模型，论文清晰地描述了这个新网络结构。Transformer基于注意力机制，无需递归和卷积，因此模型质量更高，训练时间大大缩短。目前，发表这篇论文的 8 名作者中有 6 人已开始创业。

Transformer 诞生于自然语言理解领域，因此更容易理解人类语言。例如，对于句子“青蛙发现了一只蝴蝶，它试图抓住它，但是只抓住了翅膀的末端”，卷积神经网络会只关注“它”周围的词，而不理解“它”指代什么。但如果将每个词与其他词联系起来，就能理解这句话的意思。这种关联性就是 Transformer 模型中的注意力机制，与人类的思考模式相近。

与传统的循环神经网络（RNN）和卷积神经网络（CNN）不同，Transformer 不需要按顺序处理输入序列，也不需要使用卷积操作进行特征提取。它采用了全新的编码器 - 解码器架构，编码器和解码器由多层 Transformer 模块组成。Transformer 模块的核心是注意力机制，模仿人类视觉的大脑信号处理机制。人们在观察图像或文字时，眼睛会快速扫描全局，找到需要关注的部分，再仔细观察相关区域。这种生存技能极大地提高了我们处理信息的效率和准确性。Transformer 的注意力机制消除了训练数据集需要标注的需求，使互联网或企业的海量文本数据可直接成为模型训练的数据源，具有标志性创新。

2018 年，基于 Transformer 的强大通用性，研究人员开发出了第一款自然语言处理模型——BERT。BERT 没有使用预先标记的数据库进行训练，而是采用了自我监督学习的方法。在分析海量文本时，BERT 能自己找到隐藏的单词或根据上下文猜测含义，类似人类大脑的学习机制。此后，这类模型被其他人工智能机构广泛采用，在语言、视觉、多模态等领域都有很好的应用。Transformer 语言模型在理解文本方面实现了质的飞跃，并成为大量模型的基础（见图 3-1）。

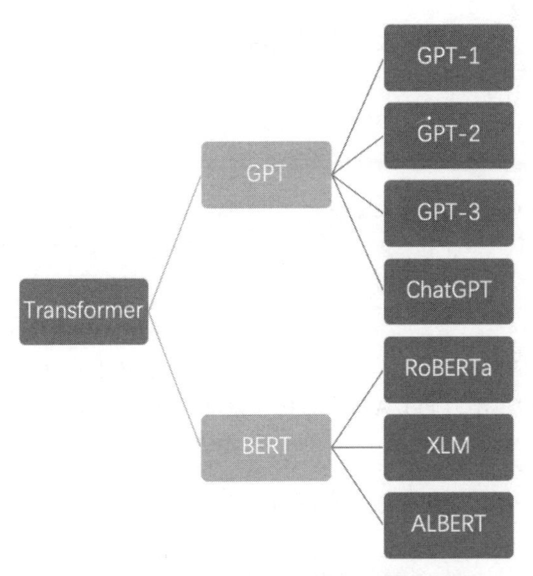

图 3-1　Transformer 成为大量新模型的基础

自然语言是所有可训练数据中形式最丰富的，能让基础模型在语境中学习、转换成各种内容形式。因此，2019 年，人工智能理解人类自然语言的水平已超过人类平均水平。这意味着人工智能已具备“能听会看”的能力，下一步的突破将是理解、思考和决策。因此，大规模语言模型已成为新一轮科技巨头竞争的领域。

下面整理了人工智能发展过程中的关键里程碑事件，有助于我们厘清人工智能发展的路经（见表 3-2）。

表 3-2　人工智能关键里程碑事件

序号	时间	事件	细节
1	1956 年	达特茅斯会议	达特茅斯会议被认为是人工智能研究的起点。这次会议聚集了一些不同领域的科学家，包括计算机科学家、神经生理学家和心理学家，讨论了人工智能的概念和方法
2	1959 年	ELIZA 程序诞生	ELIZA 是第一个成功的聊天机器人，它能够模拟心理医生与患者之间的对话。ELIZA 程序的诞生对自然语言处理领域的发展产生了重要影响
3	1997 年	“深蓝”战胜国际象棋冠军	IBM 的“深蓝”计算机在国际象棋比赛中战胜了世界冠军加里·卡斯帕罗夫。这是人工智能在棋类竞技领域的一个重要突破，也是第一次在这个领域中击败人类世界冠军

（续表）

序号	时间	事件	细节
4	2011 年	IBM 的 Watson 赢得“Jeopardy！”比赛	Watson 是 IBM 开发的一个人工智能系统，它在“Jeopardy!”比赛中战胜了两个前冠军。这是人工智能在自然语言处理领域的一个里程碑事件
5	2012 年	AlexNet 赢得“ImageNet”比赛	AlexNet 是由谷歌开发的一个深度神经网络模型，它在“ImageNet”比赛中获得了第一名。这是人工智能在计算机视觉领域的一个重要突破，也标志着深度学习方法的崛起
6	2016 年	AlphaGo 战胜李世石	AlphaGo 是由 DeepMind 开发的一个人工智能系统，它在围棋比赛中战胜了韩国围棋世界冠军李世石。这是人工智能在棋类竞技领域的又一次重大突破，也是第一次在这个领域中击败人类世界冠军
7	2020 年	GPT-3 发布	GPT-3 是由 OpenAI 开发的一个自然语言处理模型，它具有惊人的自然语言生成和理解能力。这是人工智能在自然语言处理领域的一个重要里程碑，也是目前较先进的自然语言处理技术之一

3.3 创业公司的惊艳表现

大企业成功的商业模式通常都是建立在上一代技术和市场基础上的，这种商业模式经过了多年的市场考验和技术升级，已经形成了成熟的商业体系和生态圈。新技术的出现往往被传统大企业忽视，因为新技术通常在性能、使用难度和生长空间等方面都无法达到传统技术的标准。然而，正是在这些被传统大企业忽视的地方，新技术开始发挥作用，逐步满足市场上的新需求，进行性能优化和调整。这些新技术的出现有可能摧毁传统企业的商业结构，彻底改变整个产业的格局。

传统大企业如果想要跟上新技术的步伐，不仅需要在技术研发上做大量的投入，还需要改变自身的商业模式和生态圈，以适应新技术的发展趋势。否则，这些企业可能会被新技术淘汰，失去在产业中的领先地位。因此，在追求技术创新的同时，企业也应该注重商业模式和生态圈的创新，从而实现真正的产业转型和升级。在大规模神经网络模型领域，有两家公司，它们在大模型方面的一举一动都会引发全球科研人员、媒体、创业者的较大关注，那就是 DeepMind 和 OpenAI。

3.3.1 DeepMind

DeepMind 公司于 2010 年在英国伦敦创立，它的长期目标是解决智能问题，发展更加通用和能力更强的问题解决系统，这也被称为通用人工智能。DeepMind 在自己的使命中提到，解决智能问题是为了推动科学并造福人类，作为人工智能领域负责任的先驱者，将为服务社会的需求和期望而努力。

DeepMind 现任首席执行官德米斯·哈萨比斯（Demis Hassabis）出生于 1976 年，4 岁成为国际象棋神童，这或许为 DeepMind 开发的 AlphaGo 打败围棋世界冠军埋下了伏笔。哈萨比斯的父母用其下棋赢得的奖金为他购买了第一台计算机，并让他自学编程。在申请英国剑桥大学的时候，学校甚至因为他年龄过小，要求他晚一年入学。而正是在这一年时间里，哈萨比斯参与开发的一款游戏 Theme Park 销售超过 1500 万套。毕业后，在开发了几款游戏之后，哈萨比斯意识到如果要做出更强的人工智能，就需要学习了解人类大脑的工作方式，为此哈萨比斯申请去英国伦敦女王学院攻读神经科学博士学位。

从国际象棋到电子游戏，再到神经科学，哈萨比斯对人类智慧的探索在逐渐深入。2010 年，他创办 DeepMind 就是希望联合神经科学、计算机科学来实现通用、强大的学习算法，最终逐步实现通用人工智能。

谷歌在看到 DeepMind 展示的强化学习算法理论之后惊叹不已，最终提出用 5 亿美元收购当时仅有 50 名员工的 DeepMind。

不久后的 2016 年，AlphaGo 在韩国与世界顶级围棋高手李世石对决，最终以 4 ：1 击败对手。李世石、哈萨比斯（代表 AlphaGo）分别签名，DeepMind 将比赛用的棋盘留作纪念品。有人说这一天具有划时代的意义，可以说是人类围棋历史上最黑暗的一天，也可能是人类历史上最光明的一天。同一年，DeepMind 将 AlphaGo 算法发布在《自然》杂志上，题目为《用深度神经网络和树搜索掌握围棋游戏》，文章目前引用量超过了 1.5 万次。在 AlphaGo 之后，AlphaGo Zero 用新的自我博弈来改进算法，进一步巩固了在围棋领域的优势地位。

除了在围棋领域实现破圈和全球关注，DeepMind 开启了用人工智能技术对蛋白质结构进行预测的研究，并在 2021 年发布了 AlphaFold，将蛋白质结构预测所用的时间从数月乃至数年缩短到了几分钟，实现了突破性的革命。研究人员在《自然》杂志上发表的文章中提到，像处理文本字符串一样读取氨基酸链，用这种数据转换成可能的蛋白质折叠结构，该项工作可以加速药物的发现和创新。而 AlphaFold 同样是基于 Transformer 结构的深度学习模型。

截至目前，已经有超过 100 万研究人员使用了 AilphaFold 的研究成果，并在作物可持续性、药物发现和人类生物学等领域开展落地应用。AlphaFold 算法已经在 2021 年被公布。

针对当下比较热门的人工智能编程，DeepMind 也推出了最新研究成果，那就是 AlphaCode，并且登上了《科学》（*Science*）杂志的封面。在新的论文中，DeepMind 还透露了 AlphaCode“一次通过率”达到了 66% 的较好成绩。同时，AlphaCode 在 10 场编程比赛中成绩超过了许多普通的人类编程选手。

在对话机器人领域，DeepMind 2022 年 9 月发布了对话式人工智能应用 Sparrow。Sparrow 使用了大语言模型并加入了强化学习人类反馈技术，这一技术与当前火热的 ChatGPT 较为类似。Sparrow 不仅能够对话、回答问题，还能够使用谷歌搜索来查询资料并提供引用。因此，从某种意义上来说，Sparrow 的能力甚至已经超过了 ChatGPT。

3.3.2 OpenAI

OpenAI 创立于 2015 年，由埃隆 · 马斯克、彼得 · 泰尔、雷德·霍夫曼等知名科技领军人物投资成立。OpenAI 的使命是确保通用人工智能在一种高度自主且大多数具有经济价值的工作上超越人类的系统，为全人类带来福祉。OpenAI 打造的“技术信仰与长期主义 + 风险投资创新 + 小公司创新与大公司商业化闭环”模式，让更多人在惊叹其技术领先性的同时，也意识到创新机制、生态、文化需要借鉴和学习的地方还有很多。

OpenAI 因为 GPT 系列自然语言模型而闻名，GPT 是 Generative Pre-trained Transformer 的缩写，可以用于生成文章、代码、机器翻译、问答等内容。GPT 模型从 GPT-1 到 GPT-3，模型参数呈指数级增长。2020 年 6 月发布的 GPT-3 模型参数已经达到 1750 亿个，Transformer 层数从 GPT-1 的 12 层增加到 96 层。

OpenAI 在 2022 年发布的 ChatGPT 影响巨大。和之前的深度学习革命不同，ChatGPT 直接影响到了每一个人，引发全球对人工智能的广泛关注。2018—2023 年，有超过 30 位 OpenAI 的员工离职创办自己的公司，融资金额超过 10 亿美元。而且，当前在人工智能绘画领域较为火爆的应用 DALL · E 2 也同样出自 OpenAI。

神经网络研究领域的重量级专家杰弗里·辛顿的得意门生伊利亚·苏茨基弗（Ilya Sutskever）在 2015 年 12 月成为

OpenAI 的联合创始人并担任研究总监。正是在伊利亚的带领下，OpenAI 将生成式模型（Generative Models）确定为主要研究方向。

2012 年 12 月，在伊利亚的坚持和推动下，利用家用电脑上的游戏 GPU、大规模图像数据和一些微小的算法改动，杰弗里·辛顿、艾利克斯·克里热夫斯基（Alex Krizhevsky）和伊利亚做出了 AlexNet，并在 ImageNet 比赛中获得冠军。之后凭借这个冠军和相关论文成立的公司在拍卖会上获得了 4400 万美元的竞拍价，参与者不仅有谷歌、微软，还有百度和 DeepMind。

随后，在 2018—2022 年，GPT-1、GPT-2、GPT-3、DALL·E 以及 ChatGPT 相继诞生。如果深挖一步我们会发现，GPT 采用的是自回归模型，模型单元使用的是 Transform。AlexNet 建立在杨立昆（Yann Lecun）1989 年的模型基础之上，仅仅对算法做了微小改动并用了更大的算力。

3.4 基础模型普及的关键节点

3.4.1 基础模型的能力与服务

2021 年，美国斯坦福大学的李飞飞教授与 100 多位学者联合发表了 200 多页的研究报告《大规模预训练模型面临的机遇和挑战》（*On the Opportunities and Risk of Foundation Models*）。在报告中，专家们把 Transformer 称为“基础模型”（Foundation Model）。也就是说，Transformer 作为基础模型已经成为推动人工智能新一轮发展范式的基座。为此，基础模型也引发了行业内的热烈讨论。

一些研究成果中已经证明了大型基础模型的价值，即随着模型的增大，输出效果会更好。例如，在《超越模仿游戏：关于大模型的量化分析》（*Beyond the Imitation Game: Quantifying and extrapolating the capabilities of language models*）这篇论文中，研究人员发现随着模型增大，效果与模型规模会呈现类似线性相关的关系，或者说模型超过某个临界点之后，模型的能力会随着模型的增大，大幅提升效果。

当然，这些结论主要是通过实验得到的，还难以通过清晰的理论进行解释。不过，这无疑给了大家很多期待，那就是随着训练方式的不断优化和数据集质量的不断提升，人工智能的应用可能会有更多的可能性。

回顾人工智能的发展，我们会发现基础模型的意义在于创新和整合：创新意味着未知和不可预测，但这也是科学发展的源头；整合意味着基础模型能够对不同的方法论进行消化吸收，用统一的方法完成不同的工作。

实际上，人工智能的发展就是一个不断创新和整合并持续前行的过程。也就是说，一个基础模型如果可以集中来自各种模型的数据，那么这个模型就可以广泛适应各种任务。除了在翻译、文本创作、图像生成、语音合成、视频生成这些耳熟能详的领域大放异彩之外，基础模型也将被用在其他专业或更加垂直的领域。因此，大模型之所以能够引发关注，其主要原因在于大模型的底层特性使其能够承担一种“基础设施”的功能。为人工智能应用奠定根基，这也是大模型被称为“基础模型”的意义所在。基于统一的底层架构所开发的模型将会变得可维护、可迭代、可扩展，在此基础上，整个人工智能生态都将受益。

从目前的技术发展进程来讲，人工智能有望进入“工业生产时代”。当然，这不会一蹴而就，要想快速发展“模型即服务”(Model as a Service)，还需要经历多个阶段。以 AIGC 为例，我们下面看看大模型的发展需要经过哪些阶段。

1. 模型成熟期

主要体现在特定模型在大规模测试后，指标趋于稳定，模型稳定是产品和技术持续输出的关键和基础，因此需要确保模型能够稳定处于理想状态。模型的进一步完善以及模型访问趋向免费和开源，将极大地推动人工智能领域的发展，为广大研究者和开发者提供更多的机会和平台。

在这个基础上，应用层面的创造力爆发时机将进一步临近。研究者和开发者可以更加自信地将这些模型应用于各种实际场景，如自然语言处理、计算机视觉、语音识别等。这将带来更多创新的产品和服务，为人们的生活带来便利。

2. 产品形态成熟期

产品形态需要符合创作者使用习惯，以便他们能够更好地控制输出结果。这将使创作者能够根据自己的需求和喜好定制化地调整模型的表现。

（1）对提示词进行多次修改；有充足的接口，以便于与其他应用程序和服务进行集成。

（2）对非专业人士界面友好，使得无论你技术背景如何，都能轻松上手。这将降低人工智能技术的门槛，让更多人受益于这一领域的发展。

（3）符合低代码或者零代码门槛要求，创作者无需具备编程技能，也能够轻松地使用和定制产品。这将进一步扩大人工智能技术的受众范围，推动其在各行各业的广泛应用。

3. 核心场景稳定期

AIGC 要想长期为用户所接纳，就需要找到能够充分体现其核心价值的关键场景，从而让技术能力能够充分发挥。

4. 产业生态期

随着场景、产品的成熟稳定，AIGC 将随着行业业务流程、产业基础设施发展进一步完善并融入其中，“模型即服务”将走进现实。

类似的，美国知名投资人查马斯·帕里哈毕提亚（Chamath Palihapitiya）也谈到“模型即服务”将会颠覆现有的 SaaS 服务。他表示：“很多软件尤其是企业服务领域的软件，将会被替换为一个单一的模型，来帮助我们解决特定的问题。”毫不夸张地说，如果在 AIGC 时代，仅靠应用层面的竞争成为下一个科技龙头企业，显然难以实现。我们从人工智能的发展历程中已经明显地看出来，模型的迭代和进步才是 AIGC 爆发的关键。谁能够掌握更先进的人工智能模型，谁就拥有开启新时代的钥匙。

3.4.2 曾经热议的云，今后的基础模型

正如 10 年前我们看到云计算的兴起，SaaS 服务成为诸多企业的标配一样，10 年后的现在，我们也站在了人工智能原生产品的新起点上。

10 年前，云计算服务让企业不再需要单独配置服务器和数据库，相关工作可以交给专业团队。同时，企业也不需要开发大量工具软件，通过 SaaS 服务实现即取即用，而且迭代和改进速度更快。因此，我们已经看到软件价值链在过去 10 年中发生的巨大变化，这一变化也带来了技术生态系统的巨大变革。

而 10 年后的今天，我们再次处于新的起点，这一次将由人工智能来驱动。未来人工智能将成为每个应用软件的核心组件，同时基础模型将成为主要推动力，其应用主要体现在以下两个方面。

1. 模型创新服务

正如云计算的出现，革新了软件价值链，带来新商业模式的创新，大模型的落地也将催生出新的模式，例如，新型托管基础设施（Managed Instructure）可以帮助企业在基础模型之上提供“超级个性化”服务。这些模型的价值来自巨大的规模效应，用户可以根据产品的定制或者个性化程度来付费。创业团队不需要自己从0到1进行大模型训练，甚至不需要掌握大量特定的机器学习专业知识，就可以更容易地在产品中部署模型。未来，在大模型和具体人工智能应用之间有望诞生出一个中间层，成为新的创新领域，甚至会出现一批专门负责调整大模型以适应具体人工智能产品需求的初创企业。能做好这一点的初创公司将会非常成功，同时这也取决于它们能在“数据飞轮”[1]上走多远。

2. 人工智能原生产品（AI–native）

人工智能原生产品将帮助企业建立“护城河”，并随着时间推移获得价值的增长，尤其是能够开发出易于理解、模型界面

[1] 数据飞轮：使用更多的数据可以训练出更好的模型，吸引更多用户，从而产生更多用户数据用于训练，形成良性循环。

易于学习的产品，将能够清晰地应用到现有的工作流程和工作结构中，并产生更加精准和可控的输出，而基础模型也在其中发挥着重要作用。一方面，基础模型可以带来较好的效果；另一方面，在垂直任务上对模型进行完善和微调，最终将获得较好的效果。比如，机器人手臂被训练来捡东西，智能驾驶汽车经过训练实现智能驾驶，未来的人工智能应用都可以从模型的使用中受益。就如同智能手机的出现催生出众多 App 一样，强大的人工智能模型也将孵化出各种人工智能应用的平台和大量商业机会。

3.4.3 “预训练 + 精调”向提示工程转移

前面提到神经网络的时候，模型的训练主要是通过“预训练 + 精调”的形式开展，尤其是在精调的阶段，主要是根据下游任务来对模型进行微调，从而获得更好的效果。然而随着模型规模越来越大，预训练和下游任务之间的匹配度越来越低，同时针对各个细分领域的微调需求各不相同，比如在计算资源、数据资源和时间成本上有着更大的差异化和需求点。大模型本身具有的上千亿的参数规模也让“预训练 + 精调”的模式变得异常困难。为此，在 GPT-3 发布之后，“提示工程”的理念成为新的方向。其类似于老师提问，学生回答，老师在学生回答问题的过程中进行指点和纠正的方式。

在提示工程的模式下，模型具有根据用户的需求更改其行为的能力。例如，用户可以要求 ChatGPT 以不同的风格、语气或者内容特征来回答。

3.4.4 基础模型的通用性

总的来看，基础模型目前有两个特点。

一方面参数多、训练数据量大，这有效提升了人工智能自身的能力和运算突破性。

另一方面，其使用的小样本学习方法，使人工智能不用一遍遍从头开始学习，可以碎片化地选取自己需要的具体领域或者行业数据来执行任务。基础模型的出现，只要可以在此基础上给予一定量特定内容的训练数据，就可以通过输入要求来完成撰写新闻、编写故事、做电影剧本等各种领域的工作。

有媒体把基础模型称为通用技术，可以与蒸汽机、印刷机、电动机等类比，被视为推动生产力长期发展的关键因素。通用技术具有明显的特征，如核心技术迭代速度快、跨部门适用性强、溢出效应明显等特点，从而推动相关产品、服务和商业模式不断推陈出新。例如，IBM 正在利用基础模型分析海量的企业数据，从车间传感器数据中找到成本消耗的蛛丝马迹；埃森哲认为基础模型将为汽车、银行等传统客户提供更加精准的分析服务。

未来大模型落地还需要做好以下几件事情。

1. 稳固大模型基础设施

夯实人工智能基础设施，从而加快类 ChatGPT 产品的开发，持续进行技术应用创新，同时提供基础模型、丰富工具栈、API 接口等，为行业应用降低准入门槛。

2. 丰富应用生态与开放度

有活力的创新开发环境有助于人工智能应用的百花齐放，会通过平台提供生态赋能，不断向开发者释放资源和支持。

3. 探索无人区

不断推动新技术与具体问题结合。过去几年，区块链、元宇宙、Web3.0 等技术创新都引发了媒体关注，但技术创新是否能够真正直击问题痛点，带来行业划时代变革，仍需要进一步探索，形成更多可复制、可落地的示范案例。

3.5 人工智能的未来何在

3.5.1 人工智能正在逐步接近人类思考模式

从 20 世纪 50 年代开始，人工智能的发展主要基于手写规则，非常简单粗暴，而且只能处理非常少量的数据和非常少的任务。20 世纪 80 年代的机器学习可以找到一些函数或者参数，实现分类固定量的数据，比如区分黄豆和绿豆等特征非常明显的物品；从 1990 年开始，直到 2006 年左右神经网络的出现，尤其是卷积神经网络和循环神经网络的出现，逐步让人工智能开始像人脑一样学习，但是研究人员需要提前标记大量数据，并且需要大量收集数据的反馈。从 2017 年开始，Transformer 的出现让人工智能优化了人脑学习的过程，而且不需要提前标注大量数据，把整个学习系统和理解能力提升了一个层次。

在过去 60 多年的时间里，人工智能的发展虽然有起有落，但总体上一直不曾离开我们的视线，并且跟人脑本身思考的过程越来越像，屡屡创造出一些奇迹和壮举。

未来，随着 GPT-3 以及 ChatGPT 的进一步落地普及，一方面，大模型需要投喂海量的学习数据；另一方面，研究人员无需对数据进行分类，而且对于模型来讲，人们的反馈结果也成了模型学习过程的一部分。尤其是 ChatGPT 的出现，它会观察人类每一步的反馈内容，从而朝着人类期望的方向发展。

我们从人工智能的发展历程中可以发现：新技术的出现可能仅仅改善了价值链中的某个环节，但是逐渐地，新技术可以激活新的场景，并在价值链上的各个环节发挥作用，从而涌现出新的价值链，而整个链条与过去相比将发生质的飞跃。

目前来看，人工智能发展已经进入新阶段。尤其是 2010 年以来，我们看到大量关于人工智能的投资、出版物纷纷涌现，在 arXiv 上发布的文章中有 20% 是关于人工智能、机器学习和自然语言处理的。需要指出的是，随着理论成果跨越一个临界阈值后，人工智能将变得更加易于使用，并引发新技术、新应用和大量创业公司的繁荣发展。

人工智能的未来已来！

3.5.2 未来人工智能的发展特点

数字经济的发展经历了以下三个阶段。

第一阶段是内容数字化。文本、图像、视频、语音等内容的数字化直接催生了我们当前的移动互联网，尤其是消费者互联网的快速发展。

第二阶段是企业数字化。我们最近几年经常提到的工业互联网、智能制造、产业数字化等，都是希望将数字化的能力，如 ERP、CRM、商务智能等，进行广泛应用，最直接的展现形式就是“企业上云”。

第三阶段是物理与生物世界的数字化映射。当前，我们已经进入人工智能大模型时代，物理、生物世界的数字化都将实现相互映射。汽车、城市、道路、大脑、细胞、分子、基因都在数字化。这一阶段我们会看到，海量数据的产生是这一轮人工智能发展的重要基石。

1. 应用全面爆发

从科学研究到实体经济，再到科技企业，人工智能技术已经在各个领域发挥着价值和作用。尤其是模型需要的干预越来越少，即更少的人工标注数据、更少的任务与模态领域的知识依赖，从而推动人工智能性能不断提升，从感知到认知领域不断拓展。

在科学计算、生物医疗、动画制作、智能制造、零售等领域，人工智能创新变得更加丰富多彩，例如优化的客服机器人、翻译机器人，更垂直的专业化人工智能、人工智能基础设施等。

同时，在科学领域，人工智能也将发挥巨大作用，一种是将人工智能直接应用在科学研究领域，比如 AlphaFold 可以用来预测蛋白质结构，创造巨大的社会价值；另一种是将人工智能工具用于提升科研工作效果，例如，Elicit 就是使用 GPT-3 来部分实现研究人员工作流程的自动化。Elicit 可以帮助研究人员从上亿份论文中获得某些问题的答案。Genei 则可以自动总结背景知识阅读内容，并生成报告，从而节省研究人员的时间。

从国家战略的角度来看，全球各国也在关注人工智能应用发挥的价值，发展中国家更是希望通过人工智能技术来提升供应链效率。人工智能已经从实验案例的“可能性”变成各行各业，甚至各国科技发展的“必选项”。

2. 公司规模与效率提升

随着人工智能技术的不断发展，许多工作流程得以自动化和优化，从而提高员工效率。首先，人工智能工具可以协助员工完成烦琐的日常任务，让他们能够更专注于创新和战略性工作。此外，人工智能技术还可以帮助培养多技能的员工，提高团队的灵活性，即使人数较少，企业也可以实现高效运作。

其次，随着人工智能技术和对话交互的发展，产品的交互方式发生了革命性变化。现在，很多原本需要设计复杂交互界面和按钮的产品，可以通过人工智能和对话交互方式变得更加简洁高效。这种变革让许多“产品设计型”公司不得不重新审视其业务模式，以适应这一新趋势。同时，对于消费者而言，这种更自然、更人性化的交互方式也更容易掌握和使用，提升了产品的易用性和用户体验。

最后，随着人工智能产品效能的提升，企业在市场上将具备更强的竞争力。创新的人工智能产品在各行业中扮演着重要角色，提高客户满意度和效益。在人工智能时代，企业可通过高效的人工智能产品吸引和留住客户，减少对大量营销和推广活动的依赖，从而以实力说话。

3. 产业化能力加速

大模型在算法创新、产品创新和工具升级方面取得了显著的进步。目前有大量研究人员致力于降低大模型的使用门槛，使其呈现出多模态、多任务统一收敛的趋势。这一趋势为人工智能技术的普及和应用提供了广阔的空间。

近年来，大模型的发布频繁且具有颠覆性，让更多人都可以访问和使用数千亿个参数的定制语言大模型。这些大模型不仅在自然语言处理、计算机视觉等领域取得了突破性成果，还为各行各业提供了强大的支持。这意味着来会有更多人和产业能够利用新技术来参与产业智能化，推动各行各业的发展。

随着大模型的应用范围不断扩大，其技术价值将逐步转化为商业价值。与实验室的演示案例相比，融入千行百业的人工智能将会产生更大的影响力。例如，在医疗领域，大模型可以帮助医生进行疾病诊断和治疗方案的制定；在教育领域，大模型可以为教师提供个性化的教学资源，提高教学质量；在金融领域，大模型可以协助分析师进行风险评估和投资决策等。

此外，大模型的发展还将推动相关工具和平台的升级。例如，为了降低大模型的使用门槛，研究人员和开发者正在开发更加友好的用户界面和 API，使得非专业人士也能轻松地使用大模型。同时，为了满足不同行业和场景的需求，各种定制化的大模型也应运而生，进一步拓宽了大模型的应用领域。

总之，围绕大模型的算法创新、产品创新和工具升级还在持续发展。随着大模型的普及和应用，未来会有更多人和产业能够用新技术来参与产业智能化，实现技术价值向商业价值的转化。这一过程将进一步推动各行各业的发展，为人类社会带来更多的便利和福祉。

4. 数字新基建升级

软硬件的进一步融合已经成为提升人工智能价值的关键因

素。这种融合不仅可以提高人工智能的性能，还有助于实现绿色低碳的发展目标。

一方面，我们看到 GPU 在机器学习领域发挥着重要作用。针对超大规模的并行人工智能训练和推理任务，GPU 构建了基础设施 GPU 集群，为人工智能的发展提供了强大的计算能力。这种基础设施的建立使得人工智能可以在更短的时间内完成复杂的任务，从而提高了整体的效率和性能。

另一方面，绿色低碳已经成为 GPU 的关注重点。随着数字经济的快速发展，能源消耗和环境问题日益突显。因此，如何为数字经济提供绿色低碳的计算能力，成了数字基建升级的关键。GPU 厂商正在努力提高能源利用效率，降低功耗，从而实现绿色低碳的目标。例如，通过采用先进的制程技术、优化算法和架构设计，GPU 可以在保持高性能的同时，降低能耗和散热。

软硬件融合还有助于推动人工智能在各个领域的应用。例如，在自动驾驶领域，软硬件融合可以实现实时数据处理和决策，提高驾驶安全性；在医疗领域，软硬件融合可以帮助医生进行疾病诊断和治疗方案的制定，提高医疗质量；在智能制造领域，软硬件融合可以实现生产过程的自动化和智能化，提高生产效率。通过构建基础设施 GPU 集群，实现超大规模的并行人工智能训练和推理任务，以及关注绿色低碳的发展目标，软硬件融合将为数字经济提供强大的支持。未来，我们期待看到更多领域受益于软硬件融合，实现更高质量的发展和创新。

3.6 你关心的 4 个问题

3.6.1 初创企业是否适合做大模型

对于创业者来讲，能够做好大模型并且跑赢科技巨头需要具备以下几个特点。

（1）科技巨头没有看懂或者没有看清，并不知道这件事情的价值有多大；或者选择太多，还无法轻易下手。

（2）科技巨头评估之后认为其中的价值不大，不值得投入，同时对自己的主营业务帮助不大。也就是说，在没有形成共识的情况下，创业者和创业公司才会有时间窗口和先发优势。这也是 OpenAI 可以在 2022 年下半年一骑绝尘的关键点，无论是用户的高质量语料还是半年多的窗口期，都足够其建立起飞轮效应并获得较深的护城河。

但现在，开发大模型已经成为大家的共识，科技公司言必谈大模型，“群魔乱舞”已经成为常态。而且，大型科技公司的速度更快、资金和应用场景更加充沛。因此，创业公司想做大模型，或者说做通用大模型难度较大。

3.6.2 研发通用模型还是垂直模型

大模型虽然有较强的泛化能力，但是不同领域，尤其是有一定专业壁垒的领域都有自己的技术诀窍（Know-How）。这些技术诀窍大多都不是在互联网上可以经常看到的内容，而是在企业长期实践过程中积累的经验、数据和人才储备。通用大模型连相关的信息和数据都没有接触过，自然不会有相关的能力和可靠的输出。

这也是彭博社（Bloomberg）推出垂直领域大模型的意义所在。彭博社与美国约翰·霍普金斯大学联合发布了专门针对金融领域的大模型 BloombergGPT，该模型训练于广泛金融数据集上，包含 3630 亿条标记数据，是迄今为止最大的垂直领域特定数据集。同时，我们看到 BloombergGPT 的参数虽然仅有 500 亿个，远远小于 GPT-3 的 1750 亿个参数，但无论是在金融领域的效果还是在通用领域的效果，都非常惊艳。

未来将会有更多公司为人工智能生态系统的发展做出贡献。

许多具有高实用性的人工智能系统将会出现，它们将不同于单一通用人工智能模型，这些人工智能系统在结构上将更加复杂，甚至会出现有多个模型、API 驱动，并将推动新的人工智能技术发展。明确定义的高价值工作流程，将主要由专用人工智能系统而非通用大模型来完成。因此，越是高价值的垂直领域，越需要“类 BloombergGPT”模型，其价值也会更大，如在金融、自动驾驶、医疗等领域发挥作用。

随着我们沿着曲线下降至较低价值的工作流中（见图 3-2），通用人工智能模型将成为主导方法。例如，在写作、问答等领域，很难有统一的标准答案，或者说答案本身可以被用户不断地修正和完善，如果不满意，可以让模型不停地输出。

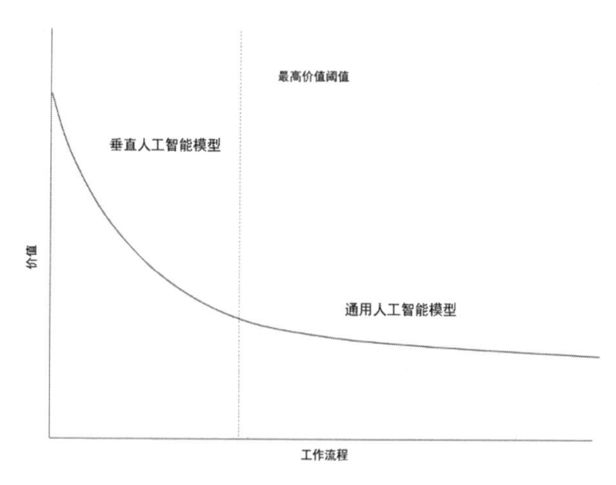

图 3-2　通用模型与专有模型的价值

因此，通用人工智能模型和垂直人工智能模型各有优势，在不同的场景里会有不同的能力展现。

3.6.3 利用开源模型还是非开源模型

模型并非全部都需要创业者从 0 到 1 自己开发，创业者可以在质量较好的大模型基础上进行微调。那么到底是选择开源模型还是非开源模型呢？

事实上，参考安卓（Android）和 iOS 的发展我们就可以发现未来模型进化的趋势和端倪。

iOS 作为苹果的操作系统，一问世就惊艳世人。从商业角度出发，苹果对 iOS 选择非开源无可厚非。而对于后来者来说，如果继续选择非开源将很难追上 iOS，前者在时间、用户和开发者方面都有先发优势和飞轮效应，一味地模仿不仅难以超越，而且还会让自己变得不伦不类，成为二流竞争者。这也是为什么安卓最后选择了开源发展路径。虽然收益没有 iOS 高，但是安卓有 80% 的市场占有率。如果安卓当初选择非开源，那么最多也仅仅能够获得 iOS 一半的市场份额，最终会形成 iOS、安卓、其他系统占有率为 2 ∶ 1 ∶ 7 的格局。安卓会因为在利润和份额之间左右徘徊，失去战略先机。

因此，在大模型领域，如果你的公司处于第一梯队，那么可以进行非开源商业化，这也是为何 OpenAI 敢于做非开源的底气。如果不是领先者，没有进入行业前三，那么开源是一个很好的路径。尤其是对于垂直领域大模型的创业者来讲，开源不仅能够保护数据隐私，而且能够形成自己的护城河。而选择非开源则有数据泄露的风险。因此，在 ToB 市场中，开源模型将有更大的发展空间。

3.6.4 做工具还是被集成

做工具还是被集成并不是一个“二选一”的选择，而是需要看我们切入的赛道中“AIGC 含量”的高低。

如果一条赛道中只有 10% 的价值由 AIGC 提供，那么创业者切入进去后，需要补全剩下的 90% 才有机会出线，需要付出的成本很高。

以文生图的 AIGC 为例，我们已经看到了 Midjourney 和 Stable Diffusion 等优秀的模型工具，其生成的图像质量也非常好。但是它们依旧只是一种工具，在任何一个行业中都难以通过这种工具占据工作流程中 90% 甚至 50% 的价值。虽然 Adobe 公司推出的 Firefly 初始效果不如 Midjourney 和 Stable Diffusion

那么好，但是 Adobe 在设计领域已经覆盖了 60% 甚至更多的价值，Firefly 只需要覆盖剩下的部分就可以，同时随着后续数据的迭代，其性能在整个价值链中也会进一步提升。

因此，如果在你看重的行业里 AIGC 最多占据 10% ~ 20% 的价值，那么做工具不如被集成，通过被集成可以更好地与大型科技公司进行互动，实现自身能力的提升和生存空间的拓展。

当然，一些行业的价值链中有 30% 甚至更高的比例的价值需要 AIGC 来实现，那么此时做工具就更有价值，可以形成更稳定的“护城河”。

第 4 章

人工智能时代的安全挑战

在人工智能技术快速发展的时代，安全范畴进一步扩大。攻击发起方已经从过去的个人、单点黑客向组织化、系统化、专业化的方向快速演化。一方面，基础设施、物理资产、生命安全都将成为数字世界的潜在攻击对象，安全保障能力成为行业发展的“生命线”；另一方面，数字化贯穿企业研发、制造、物流、服务等全流程，安全需求覆盖全部环节，安全能力的强弱程度正在成为企业持续发展的“天花板”。

4.1　安全是数字世界的基石

数字经济时代来临，数字化正在加快推动传统产业转型升级。一方面，产业数字化促使数字经济加快进入高级阶段，生产效率的提高更加依赖于数据的深度挖掘和全流程的数字化；另一方面，传统产业安全防护能力参差不齐，海量设备接入网络当中，网络安全、数据安全在全流程应用场景中均有所涉及。因此，网络攻击、勒索攻击、DDoS 攻击逐渐增多，攻击面逐渐扩大化。以智能联网汽车行业为例，智能化、网联化、共享化、电动化成为行业主要发展趋势，伴随而来的是大量安全漏洞和远程控制风险。攻击者利用车辆自带的安全系统漏洞，可以对汽车的软硬件部分实施攻击、窃取并发送信息甚至远程控制车辆。一旦发生安全事故，将对消费者人身安全产生重大威胁。

1. 基础设施成为攻击重点

当前，网络攻击更加组织化、系统化、专业化，攻击范围向行业、基础设施领域拓展，金融、交通、医疗、城市管理等领域都成为新的攻击对象。一旦基础设施遭受攻击，将导致整个产业链的停摆或瘫痪，甚至影响社会稳定。以医疗卫生行业为例，医疗数字化一直是社会关注的焦点，随着大量数字化设备和医疗设备的广泛应用，医疗效率、就医体验、服务精准度都有大幅提升，但也给安全防护和医疗数据安全保护带来了新的挑战。据媒体报道，2020 年，法国有 11% 的网络攻击目标是医院系统。2021 年 2 月，法国两家医院接连遭到大规模勒索攻击，造成医院信息系统瘫痪，部分外科手术被迫推迟，甚至需要手工绘制医院排班图表。

2. 恶意攻击实时化、全面化

恶意攻击的发起方不分时间和地点，随时都可能会对目标发起攻击，因此，那些安全投入资源不足、安全监测能力较低、安全防御处于碎片化状态的企业和机构，将面临较大风险。

安全防护需要做到前置和未雨绸缪，不论是个人、企业还是民用设施、基础设施，都可能成为恶意攻击的对象，链条中的薄弱环节将成为攻击的重要突破口。2021 年 5 月，美国最大的燃油运输管道商科洛尼尔公司遭到勒索攻击，导致 8800 千米的输油管系统被迫停运，该管线供应了美国东海岸 45% 的燃料。网络攻击者在短时间内获取了该企业的约 100GB 数据，并锁定相关服务器等设备要求支付赎金。能源运输管道作为国家重要基础设施，正成为越来越多犯罪分子攻击的对象。由此可见，安全风险正逐步从小范围局部向大范围基础设施进行扩散。

3. 海量终端与网络虚拟化扩大了受攻击的范围

一方面，海量多样化的终端接入了网络，智能终端设备的接入规模、技术架构的异质化带来了安全管理难度和复杂度的提升。另一方面，新型网络架构导致安全边界模糊。SDN、

NFV、云计算和边缘计算等技术和技术框架的应用扩大了潜在的受攻击面，在这些新技术的研发中，人们广泛使用开源代码，这带来了新的安全设计缺陷和安全漏洞。同时，基于网络切片端到端逻辑虚拟网络技术的垂直领域应用，在资源共享、跨领域安全、身份认证和权限控制等方面出现新的安全风险。例如，5G 的开放性网络更容易遭受攻击、虚拟化模糊了物理边界、海量数据连接带来了更多安全风险。

4.2 技术创新是一把双刃剑

1. 破坏式技术创新带来负面影响

技术在给经济社会带来大量便利和效率提升的同时，破坏式创新也带来了不利影响。一方面，犯罪分子可使用的新技术工具逐渐增多，这将对个人、企业和政府部门带来更多损害。世界经济论坛发布的《2021 年全球技术治理报告：在疫情时代利用第四次工业革命技术》显示，数字货币支付占 2019 年第一季度全球勒索事件赎金交付方式的 90%以上，尤其是区块链技术的匿名性使得监管部门难以溯源打击违法犯罪分子。另一方面，新技术应用安全风险难以界定。例如，随着自动驾驶技术的进一步发展和普及，相关技术落地后产生的安全风险难以界定。自动驾驶汽车发生交通事故，如何判断责任方是一个较为复杂的过程，涉及汽车制造商、软件研发人员、网络服务商、汽车所有者、使用者及乘客等多方。

2. 隐私保护与数据共享面临挑战

当前，数据已经成为企业的重要核心资产。能否对数据进行有效运用和深度挖掘，成为衡量一家企业能否创造价值的重要依据之一。同时，企业需要意识到数据安全在企业价值体现面前具有“一票否决权”。技术溢出带来的风险、算法的难解释性与黑箱性、数据质量导致计算结果可控性差、用户权益与隐私屡遭侵犯等是当前数据安全面临的巨大挑战。隐私保护和信息共享缺乏统一技术标准和治理框架。

3. 勒索攻击带来的安全风险和挑战

如果勒索攻击没有得到有效解决，那么将会带来大量潜在风险。

（1）监管风险。以欧盟的《通用数据保护条例》（General Data Protection Regulation，GDPR）为例，备份和灾难恢复是

GDPR 的必选项，若被攻击的机构没有按照规定定期对数据进行备份，那么将会面临罚款等惩罚措施。

（2）服务风险。若数据或文件被加密或泄露，那么受害机构将被迫停止其经营活动。如果受害机构没有可以恢复正常运营的备份数据，那么可能会导致客户的投诉和不满，最终失去客户。

（3）经济风险。数据恢复流程长、复杂度高、费用昂贵。恢复已遭破坏的数据时需要重新收集数据，这会使受害机构信誉受到质疑，对机构品牌带来较大损害。

第 5 章

大模型带来的安全挑战

5.1 大模型的“幻觉”与“一本正经地胡说八道”

OpenAI 首席执行官奥尔特曼曾公开表示：“ChatGPT 确实知识渊博，但在很多时候，它却会自信地给出错误答案。”人工智能系统有时会生成看似有说服力的内容，但这些内容在现实世界中可能并无根据，从而产生“幻觉”。实际上，大语言模型仅基于语言统计概率进行设计，缺乏现实世界的经验。由于主要采用无监督学习进行训练，模型无法区分事实与虚构，导致它们无法判断正确与错误，也无法理解语言所描述的基本现实，更不受逻辑推理规则的约束。

因此，大语言模型生成的文本在语法和语义上符合我们的认知，尤其是在统计规律上具有一致性，但可能并没有真正的现实意义，人工智能体本身也无法理解其输出内容的实际含义。换言之，ChatGPT 等聊天机器人无法像人类一样理解上下文，其生成的内容更多是看似合理的文本字符串。这正是大语言模型的根本缺陷——产生“幻觉”。此外，特定数据的缺失和压缩也会导致模型出现“幻觉”。

为提升 ChatGPT 等应用和大语言模型的准确性与可信度，我们需要在以下方面进行研究和探索。

1. 优化模型数据

我们应改进训练数据，确保大语言模型在多样化且准确的数据集上进行训练。将训练数据与可信度相结合，有助于弥补模型在现实世界经验方面的不足，从根本上减少“幻觉”的产生。

2. 做好人类审核

ChatGPT 的一大优势在于采用人类反馈强化学习系统。引入人类审核可指导神经网络行动，使大语言模型根据人类反馈推断输出内容是否符合用户需求。这有助于模型意识到何时是在编造内容，并作出调整，从而减少“幻觉”的产生。

3. 增强外部知识

提高大模型置信度的有效方法之一是增强外部知识，即为模型提供外部文件作为信息来源和背景支持。这类似于研究人员通过搜索引擎收集信息和资料，获取可靠的引用内容，从而减少对训练期间学到的不可靠知识的依赖。ChatGPT 插件和必应（being）网络搜索等工具正努力提升外部知识的价值和可靠性。

4. 提高模型透明度

大模型主要分为开源和非开源两类。虽然出于商业考虑，ChatGPT 并未开源其大语言模型，但专家建议模型开发商应向用户提供关于模型工作原理及其局限性的信息，以帮助他们了解何时可以信任该系统。

5.2 “深度学习之父”的担忧

前文曾提到，杰弗里·辛顿被称为“深度学习之父”，他提出的深度学习神经网络不但获得了计算机领域的最高荣誉图灵奖，还是当前 ChatGPT、大模型的关键基础。2023 年 4 月底，杰弗里·辛顿从谷歌辞职，他表示：“我有些后悔进行人工智能的相关研究。人们不应该快速扩大人工智能的研究规模，直到足够了解自己是否能够控制它。从谷歌离职让我可以更加真实地谈论人工智能的潜在危险。”

对于人工智能的发展，谷歌 CEO 桑达尔·皮查伊也曾表示：“我们的社会还没有为人工智能的进步做好准备，如果社会要与人工智能共存，就需要自我进步。”

2023 年初，越来越多的专家学者、政府部门开始对人工智能的发展表示担忧。2023 年 3 月，有超过 2600 名企业管理者和人工智能研究人员签署公开信，呼吁暂停对人工智能的研发。2023 年 4 月，12 名欧盟立法者签署了类似的请愿书；英国提供 1.25 亿美元帮助创建“安全人工智能”工作组。

因此，不仅仅是科学界，政府部门也在全面评估人工智能“无限制发展”可能带来的安全风险。可以看出，加强对人工智能的监管、对潜在危险进行预防已经成为一种共识。

事实上，历史总是惊人的相似：杰弗里·辛顿作为人工智能的泰斗级人物，其在 75 岁离职谷歌时，反思了自己在人工智能领域的工作与成就；而其姑妈约安·辛顿早年是美国核物理学家，参与过美国的“曼哈顿”计划，但是在第二次世界大战之后，她也对自己所从事的核物理事业产生了不同看法，认为核武器会给人类发展带来威胁。

对于人工智能技术的发展，杰弗里·辛顿主要有以下三个方面的担心。

1. 虚假信息泛滥导致社会失序

杰弗里·辛顿认为，在人工智能的帮助下，互联网上将会出现大量虚假信息、图片、视频等内容，普通用户将越来越难辨别这些信息的真伪。

2. 就业市场迎来颠覆式替代

以 ChatGPT 为代表的聊天机器人和各大科技公司不断开发出来的大语言模型，不仅会对人们的工作起到补充、提升效率的作用，还将快速取代律师助理、翻译、行政助理等从事基础性、重复性工作的岗位，进而在全球经济低迷的状态下造成失业潮的发生。

3. 引发社会结构巨变

杰弗里·辛顿承认，在过去的研究中，人工智能从海量数据的学习中经常会产生一些意想不到的行为，这些行为本身的产生逻辑尚未被研究清楚。同时，人工智能可能比人类更聪明，过去认为这种情况至少需要 30 ~ 50 年后才能发生，但杰弗里・辛顿现在并不这么认为。从商业竞争的角度来看，大量个人和企业已经在使用人工智能进行编程，甚至由人工智能来运行和管理代码，这将带来更多不可控因素，导致更大的社会结构巨变。

5.3 大模型背后的困境

每一项新技术的发明，都伴随着一种新责任的出现。这种责任不仅仅是技术创新者的责任，更是整个社会共同承担的责任。我们需要在享受新技术带来的便利的同时，关注其可能产生的负面影响，并采取相应的措施来加以防范和应对。以大模型为例，这是一种具有广泛应用前景的人工智能技术。然而，有调查研究显示，50% 的人工智能研究者认为，人类因为无法控制人工智能而灭绝的可能性大于 10%。这一观点引发了人们对于人工智能技术的担忧，使得我们不得不重新审视这一技术的发展。

回顾历史，我们发现新技术的诞生都会伴随着相关法规的更迭与完善，与之匹配的则是责任的担当。以相机为例，这一发明极大地丰富了人类的视觉体验，使得我们能够记录下生活中的美好瞬间。然而，在相机进入市场之前，人们并没有意识到隐私权的重要性，因此也没有将其写入法律当中。随着相机的普及，人们逐渐意识到了隐私权的重要性，开始在法律层面对其进行保护。这便是一种新技术带来的新责任。因此，在发明一种新技术时，我们不仅要关注其积极影响，还要看到它可能带来的危害。这需要我们在技术创新的过程中，充分考虑到技术的伦理、社会、环境等多方面的影响，以确保技术的可持续发展。

当我们向新技术赋予权利时，这也将引发一场竞赛。在这场竞赛中，我们需要在享受新技术带来的便利的同时关注其可能产生的负面影响，并采取相应的措施加以防范和应对。

说到人工智能，我们现在每天都在不知不觉中使用这一技术。在短视频领域，大量用户每天都在观看各种内容。在观看的过程中，我们实际上是在激活一个可以计算和预测的人工智能系统。这个系统能够越来越高精度地计算出我们喜欢观看的内容，并促使我们不断地观看下去。

这一技术看似简单，但实际上也存在一定的负面作用。

（1）信息过载成了一个突出问题。随着短视频平台上内容的不断增多，用户面临着海量信息的冲击。这使得人们很难在有限的时间内筛选出真正有价值的信息，导致了信息的低效利用。

（2）用户容易沉迷于短视频，导致使用过度。人工智能系统通过精确推荐，使用户不断地观看下去，从而陷入过度使用的陷阱。这不仅影响了用户的生活和工作，还可能对其心理健康产生负面影响。

（3）人们的注意力持续时间在缩短。短视频的快节奏特点使得人们习惯了碎片化的信息消费，导致注意力集中时间变得越来越短。这对于人们的学习、工作和生活都产生了不良影响。

（4）人们接收到的信息面其实逐渐趋于狭窄。随着人工智能技术平台对用户的视觉停留时间、点赞、回复的数据进行不断深化分析，用户收到的短视频推送会越来越符合其口味。那些用户不喜欢、不感兴趣的内容也就不会再出现。这就导致某个用户只会接收到特定领域的推送内容，其信息面实际上是在变窄。而且，会让用户产生一种“全世界都在关注自己感兴趣的这件事”的假象。举个例子，我一位朋友的父亲就语重心长地说“最近拐卖儿童的案例特别多，可一定要小心，手机上天天都能看见孩子被拐卖的事”。这位老父亲产生这种世道很乱的错误认知，只是因为他看到孩子被拐卖的视频时会反复收看，并进行了评论。但是，另外一个人却很少收到这样的短视频推送，手机里全是明星八卦的短视频推送。他们在手机中看到的世界是完全不同的。

此外，虚假新闻和有害信息的传播也成了一个严重问题。在短视频平台上，一些不实信息和有害内容可能因为吸引眼球而迅速传播，对社会产生负面影响。尤其是随着 ChatGPT 等人工智能技术的广泛应用——从过去每天 100 人使用，到现在每天上千万人使用，如果不进行规范和调控，大数据内会混入虚假信息、错误知识，而人工智能系统又无法真正判断其真实性，那么以这类错误信息为基础推导出的答案将会“害人匪浅”。

为了避免这些负面影响，我们需要采取一系列措施。

首先，政府、企业和研究机构应共同努力，制定相应的法律法规和技术标准，以确保人工智能技术的合理、安全、可持续发展。

其次，短视频平台应加强内容审核，严格把关，杜绝虚假新闻和有害信息的传播。

最后，用户自身也需要提高自律意识，合理安排时间，避免过度使用短视频。

第 6 章

ChatGPT 对安全能力的挑战

一项研究显示，有 80% 的受访企业表示，2025 年之前会投资于人工智能驱动的网络安全；也有 75% 的受访企业表示，人工智能对安全构成了严重威胁。

事实上，ChatGPT 的安全性，本质在于：到底是人工智能来控制人类，还是人类来控制人工智能。如果人工智能的发展是以造福人类为目标，辅助人类提高工作效率、加速社会进步，那么相应的网络也会得到安全保护。但是如果人工智能的发展不受人类控制和规范，则将导致未来的网络环境充满威胁。

6.1 ChatGPT 对网络安全带来的挑战

ChatGPT 一方面能够帮助安全人员检测易被攻击的代码，也可以被黑客用来寻找网站安全漏洞，使得网络安全攻击变得更加容易，这也给企业带来了极大的风险。有专家表示，

ChatGPT 可以被黑客用于寻找网站的安全漏洞，在不到 1 小时的时间里，结合 ChatGPT 提供的建议，黑客就可以对一个普通网站实现渗透测试，完成破解。对于工具化提效的追求，一直是人类进步的原动力之一。在探索的过程中，安全问题同样不应被忽视。具体来看，ChatGPT 带来了以下安全风险和挑战。

6.1.1 缺乏具备人工智能安全知识的专业人员

ChatGPT 的出现，标志着攻防两端将开启人工智能新时代。在这个新时代里，网络安全专业人员需要具备丰富的人工智能知识，以便更好地应对各种安全挑战。然而，目前安全领域是否有足够多具备人工智能知识的网络安全专业人员，值得我们关注和重视。

1. 需要认识到网络安全的重要性

随着互联网的普及和信息技术的不断进步，网络安全问题已经成为全球性的挑战。从个人信息泄露到国家安全，网络安全事关每个人的利益。因此，拥有足够多的具备人工智能知识的网络安全专业人员至关重要。

2. 关注网络安全专业人员的培养

在人工智能新时代，网络安全专业人员需要具备跨学科的知识体系，包括计算机科学、密码学、数据分析等。此外，他们还需要具备创新精神和实践能力，以便在面对新型安全威胁时能够迅速作出反应。因此，我们需要加大对网络安全专业人员的培训力度，提高他们的综合素质。

3. 如何使用和开发相关应用成为关键

使用和开发相关应用，需要网络安全专业人员具备强大的创新能力和实践经验。他们需要紧密关注行业动态，了解最新的安全漏洞和攻击手段，以便及时采取有效的防御措施。同时，他们还需要与其他领域的专家进行合作，共同研发出更加先进的安全防御技术。

4. 关注人工智能技术在网络安全领域的应用

随着人工智能技术的不断发展，越来越多的安全防御开始采用人工智能技术。例如，通过机器学习和深度学习技术，我们可以更加准确地识别恶意软件和网络攻击。然而，这也意味着网络攻击者可能会利用人工智能技术进行更加隐蔽和高效的攻击。因此，我们在关注人工智能技术发展的同时要重视其在网络安全领域的潜在风险。ChatGPT 的出现预示着人工智能新时代的来临，网络安全领域面临着前所未有的挑战。我们需要关注和重视培养具备人工智能知识的网络安全专业人员，以便更好地应对这些挑战。同时，我们还需要关注人工智能技术在网络安全领域的应用和潜在风险，以确保网络空间的安全和稳定。

6.1.2 降低网络攻击门槛

人工智能在学习过程中，有大量数据来自个人和开源项目，由于缺少安全检验和过滤机制，很可能导致生成的代码里面含有漏洞。如果被攻击者利用，将会造成数据库信息被窃取、篡改、删除，甚至服务器被控制等安全问题。ChatGPT 可以用于生成网络攻击的脚本、钓鱼邮件，也可以被用来解密一些较容易解密的加密数据。通过钓鱼邮件和恶意代码生成等手段来降低攻击成本，使得黑客可以更加容易地攻击企业网络，攻击者不需要编程技能和大量资金就可以上手。

尤其是对于没有编程经验的人来讲，可以利用 ChatGPT 编写可用于间谍、勒索攻击、钓鱼邮件的软件和电子邮件。目前，新手黑客（Script Kiddie）开始大量涌现，他们没有较高的技术能力和积累，但是 ChatGPT 的出现为这些黑客提供了新的工具，使得他们能够更加高效地发现漏洞并编写专门的攻击代码。这使得入门级黑客可以快速提升自己的技能水平，从而更加容易地实施网络攻击。例如，不法分子冒充企业营销团队要求 ChatGPT 编写代码，向大量用户生成并发送短信和邮件并在其中附加恶意链接，从而更快速地传递危险内容。

与任何新技术或者应用面临的问题类似，好人和坏人都会使用 ChatGPT，网络安全人员需要对人工智能技术的使用保持警惕。开发人员需要采用最佳的安全实践和技术来保护自己的系统。同时，他们也需要不断地了解最新的漏洞和攻击技术，以便及时采取措施加以应对。

6.1.3 恶意代码编写

在过去，恶意软件往往是相对独立的，只能利用特定的漏洞进行攻击。这种攻击方式有时会被拦截或检测到，因此扩散的可能性较小。然而，随着 ChatGPT 的出现，情况开始发生变化。根据网络安全出版商 CyberArk 的报道，ChatGPT 可以帮助黑客创造出新的病毒或攻击武器，这些病毒和攻击武器可以利用 ChatGPT 的分析能力，精确地引导攻击请求，生成过去难以整合的代码，从而打出组合拳，实现全面的立体攻击甚至自动化智能攻击。

例如，有黑客分享过利用 ChatGPT 建立窃取程序代码的全过程，由 ChatGPT 辅助生成的攻击脚本也在网络上开始传播。另外，犯罪分子可以通过 ChatGPT 编写相关代码，将恶意网址注入代码，当用户打开文件后，会自动开始下载恶意软件负载。因此 ChatGPT 让网络在短短几分钟内炮制出含有恶意软件的电子邮件，对目标开展网络攻击。例如，Picus Security 的安全研究员兼联合创始人苏莱曼·奥扎斯兰（Suleyman Ozarslan）博士使用 ChatGPT 不仅创建了网络钓鱼网站，还为 MacOS 创建了勒索软件。当然，这只是试验。

ChatGPT 之所以在生成恶意代码方面存在很大隐患，主要是因为 ChatGPT 是通过大量的代码和文本混合数据进行训练的。据了解，这些用于训练的代码主要来自 CSDN、StackOverFlow、GitHub 等网站。这种新型恶意软件的出现，使得网络安全形势更加严峻，黑客们利用 ChatGPT 的分析能力，可以快速生成新的攻击代码，使得传统的防御手段很难有效地应对。这也意味着网络安全领域需要更加紧密地合作来阻止这种新型威胁。

除了恶意代码编写之外，加拿大学者的最新研究发现，

ChatGPT 生成的正常代码中也存在安全漏洞，但是这些漏洞只有要求 ChatGPT 进行代码安全性评估之后才能被发现。这意味着 ChatGPT 一开始并不知道自己生成了有漏洞的代码。例如，研究人员让 ChatGPT 生成了 21 个程序，其中 17 个可以直接运行，但这 17 个程序中只有 5 个程序可以勉强通过程序安全评估。非专业人士没有编程知识基础，认为可以运行的代码就等于是安全的，实际上这些不完善的程序存在较大的安全风险，但人类操作者无法看出其中的端倪并加以修改，若直接发布到网上，恐怕会造成安全隐患。同样，ChatGPT 也不会自主修复漏洞，只有得到查找安全漏洞的专业指令之后才能发现自己代码的问题并加以纠正。因此，操作人员的编程专业知识还是必不可少的。

6.1.4 敏感数据泄露

ChatGPT 作为一个信息获取和处理的工具，需要大量的数据支持才能够实现其功能。为了保证用户体验，ChatGPT 必须从社会各个领域中获取足够多的、准确的知识和信息，这带来了许多安全挑战。

一方面，许多有价值的信息涉及国家机密、商业机密和个人隐私，因此获取和利用这些信息本身就存在合法性问题。

另一方面，在信息获取和处理的过程中，可能会出现数据泄露和信息安全问题。

例如，攻击者可以利用 ChatGPT 的聊天方式高效地搜集信息，用户很难意识到他们正在与人工智能进行交互。黑客通过让人们在聊天中不知不觉地透露出看似无害的信息，结合起来就可以确定他们的身份、工作和社交关系。

黑客可能会通过 ChatGPT 向某家企业的员工发送问题，员工可能会在不知不觉中分享有关组织的信息，如正在处理哪些网络事件或业务发展方向等。通过结合其他人工智能模型的信息，黑客就会了解哪些人或组织可能是潜在的适合攻击的目标，以及如何利用这些信息进行攻击。

一旦重要数据泄露，就会给相关方带来巨大的损失，但是到底由谁承担责任尚无定论。因此，保护信息安全和隐私，防止数据泄露，已成为ChatGPT发展过程中亟待解决的重要问题。

有媒体报道，用户在 ChatGPT 生成的内容中发现了与企业内部机密十分相似的文本，这些信息如果用来对 ChatGPT 进行训练和迭代，将会进一步造成数据泄露。同时，微软的工程师也曾指出，用户在日常工作中不要将敏感数据发送给 ChatGPT，因为这些数据将来有可能会被用于模型的训练。

事实上，目前已经出现用户将公司敏感或者机密数据发送到 ChatGPT 中的现象。三星电子在引入 ChatGPT 不到 20 天的时间里，便爆出包含半导体设备测量数据、产品不良率等内容的信息被传入 ChatGPT 的学习数据库。三星内部员工原本想利用 ChatGPT 进行提问和验证答案，但是在询问相关问题的时候导致企业数据泄露，根据目前披露的事件显示，有两件与半导体设备有关，有一件与会议内容有关。

根据数据安全公司 Cyberhaven 对 160 万用户使用 ChatGPT 情况的调查，数据显示有 2.3% 的用户将公司机密数据发送到 ChatGPT 中，企业员工平均每周向 ChatGPT 泄露机密材料达数百次。

因此，为了防止数据泄露，需要采取一系列防范措施。

对大模型相关公司而言，首先，在收集数据方面，需要确保来源的合法性，遵循相关法规；其次，在存储数据方面，需要用加密技术确保数据的安全性；最后，在处理数据方面，需要实施严格的访问控制和安全审计策略，保证数据只能被赋予权限的人员访问。

对于用户而言，要避免把公司内含有敏感信息的工作文档或者数据库中带有表名、字段的数据发给 ChatGPT 进行数据分析，这些数据有可能会被收集并作为训练数据，存在泄密风险。

若数据中包含密钥、数据库账号密码等敏感信息，则可能造成入侵事件甚至引发大规模数据泄露。攻击者可以结合相关的关键词，拼凑和碰撞出有价值的内容，从而利用这些信息来探索企业真实的敏感业务或个人信息。

目前，花旗银行、高盛集团、摩根大通、德意志银行等机构已经明确禁止员工使用ChatGPT处理工作任务。2023年4月，意大利个人数据保护局宣布暂时禁止使用 ChatGPT（后来又撤销了这个禁令），限制 OpenAI 处理意大利用户数据信息并启动立案调查。意大利个人数据保护局认为 OpenAI 非法收集用户个人数据，未设置年龄验证系统以防止未成年人接触非法资料，并且缺乏大量收集和存储个人信息的法律依据。因此，意大利成了第一个对人工智能聊天机器人采取限制措施的西方国家。

6.1.5 网络诈骗

虽然 ChatGPT 的开发者要求标注员在评价机器生成的结果时遵循“有用”“真实”“无害”的原则，并明确指出“在大多数任务中，真实和无害比有用更重要”。但 ChatGPT 仍不可避免地被犯罪分子用来撰写钓鱼邮件和勒索软件代码。

例如，有用户在和 ChatGPT 进行对话过程中，ChatGPT 认识到“网络钓鱼攻击可用于恶意目的，并可能对个人和组织造成伤害”，但它仍然在一番说教后“勉为其难”地生成了电子邮件[1]。有专家表示，在网络安全方面，ChatGPT可以为攻击者提供更多可能和方法，降低了网络攻击的门槛。

2023 年初，网络安全技术公司 McAfee 利用人工智能生成一封情书，并发给全球 5000 位用户。结果显示，在已经被告知情书有可能是人工智能撰写的前提下，仍有 33% 的受访者表示情书的内容来自人类手笔。

同时，新加坡政府安全研究人员在一次实验中创建了 200 封钓鱼邮件，并与 GPT-3 创建的邮件进行点击率比较，发现 ChatGPT 生成的钓鱼邮件被用户点击的次数更多。

ChatGPT 数据输出功能的话语权与其价值渗透力成正比，因此，随着用户和使用范围的增加，其话语权和价值渗透力也会增强。然而，由于 ChatGPT 不具有政治立场和价值取向，操控者的历史和文化偏见以及歧视可能会通过 ChatGPT 的放大镜而误导用户，扭曲公众的价值观，引起社会动荡，妨害社会公平正义。

[1] ChatGPT 被用于开发勒索软件和钓鱼邮件 .GoUpSec.2022.12.19.

6.2 个人隐私保护与利用

随着人工智能技术的不断发展，像 ChatGPT 这样的自然语言处理技术已经具备了非常强大的文本生成和分析能力，这些能力被广泛应用于各种领域。但是，这些技术也带来了一些数据隐私和安全方面的风险。

ChatGPT 的训练需要使用大量的数据，这些数据包含了用户的个人信息、聊天记录，甚至政府敏感信息、公司商业机密等。如果这些数据被泄露或被恶意利用，将给用户的隐私带来极大的风险，导致严重的隐私泄露和安全问题。

同时，ChatGPT 的自然语言生成能力可能会被用于创建钓鱼邮件等恶意行为，这会使得网络攻击者的攻击手段更加隐蔽和有效，降低了恶意软件的开发门槛，增加身份盗用风险，提高了网络防御的难度，给网络安全带来更大的挑战。因此，如何保护数据隐私成为 ChatGPT 开发者和使用者面临的一个重要问题。

根据 OpenAI 公布的隐私政策，其中并没有提及类似欧盟 GDPR 的数据保护法规，在数据使用的相关条款中，OpenAI 承认，会利用手机用户在使用服务时所输入的数据，但对数据的用途则没有进一步说明。同时，ChatGPT 在训练时是否对个人数据进行有效删除也不得而知。

有专家指出，对于ChatGPT这样底层为大模型的应用来讲，对个人信息做到全面删除难度较大。ChatGPT 作为基于大模型的应用，又处于直接面向用户的场景，因此将面临大量安全隐私问题。例如，研究人员或者使用者由于并不具备网络安全相关知识和技能，因此很容易将包含安全漏洞的代码作为训练样本输入到模型中，使得模型可能会输出包含安全漏洞的代码。因此，在使用 ChatGPT 生成的代码时要更加谨慎，以防止生成的代码中包含可利用的已知漏洞。

虽然 ChatGPT 没有直接参与网络攻击，但它有可能成为攻击者进行犯罪的工具，让犯罪门槛进一步降低。为了解决这些问题，我们需要加强对数据隐私和安全方面的保护措施，建立相应的法律法规和标准，保护个人隐私和敏感信息的安全。同时，我们也需要加强对这些技术的监管和管理，建立科学有效的技术评估和审查机制，避免这些技术被恶意利用。只有这样，我们才能更好地利用人工智能技术来促进社会的发展和进步，并保护个人和组织的数据安全和隐私。

6.3 版权合规与应用

随着人工智能技术的不断发展，出现了许多可以自动化生成文本、图片、音频等多种形式内容的人工智能工具，其中当然也包括 ChatGPT，这些工具在许多领域都得到了广泛应用。但是，这些工具也带来了一些风险和挑战，尤其是在版权保护方面。

例如，在科研领域，很多研究人员使用人工智能工具来辅助撰写论文和文章。但是，如果这些工具直接从其他文章中抄袭内容，就会导致学术不端的问题，甚至可能引起知识产权侵权纠纷。类似的问题也存在于行政、新闻、广告等领域，如果使用人工智能工具来生成文章或其他形式的内容，未经授权就直接使用他人的原创作品，就会带来创意剽窃和版权侵犯的风险。

为了解决这些问题，我们需要加强对人工智能工具的监管和管理，建立相应的法律法规和标准，保护知识产权。同时，我们也需要加强对人工智能工具的使用培训，增强人们的版权保护意识，避免出现不必要的法律纠纷和知识产权侵犯问题。

6.3.1 在学术研究领域

利用 ChatGPT 来完成论文撰写引发了越来越多的争议。部分学生开始尝试利用 ChatGPT 完成作业、生成论文大纲，但科学界和教育界已经发出明确的反对声音。《科学》杂志主编明确表示不能在作品中使用 ChatGPT 生成的文本、图像或数据，违反该规定将构成学术不端行为。《自然》杂志指出人工智能无法对作品承担责任，因此不接受人工智能作为研究论文署名作者。如果作者使用了人工智能的程序，应该在研究方法介绍或者致谢部分加以说明。香港大学在 2023 年 2 月致函学校师生，要求禁止学生或者老师在学校里使用 ChatGPT 和其他人工智能工具做作业、考试或是上课记笔记。如果必须使用，需要事先获得相关课程导师的书面许可，违反上述规定的行为将被视为“潜在抄袭”。如果老师怀疑学生使用 ChatGPT，可以要求学生讨论有关论文或者作品，设置额外的补充口试、新增课堂考试等。

当然，也有一些专家学者欢迎更多的人去使用新的工具，例如美国宾夕法尼亚大学沃顿商学院副教授伊桑·莫利克（Ethan Mollick）允许学生使用 ChatGPT，他认为教育者和整个行业需要与时俱进。如果把人工智能用好了，就可以极大地提升学生的批判思维。尤其是针对 ChatGPT 生成的内容，学生可以有针对性地理解和筛选，从而对 ChatGPT 生成的素材进行提炼，发现其中有价值的部分和错误的部分，这一过程反倒可以促进学生形成批判思维。伊桑·莫利克认为，既然人工智能工具的广泛使用已经不可阻挡，那么就可以让学生正当使用，使他们在这一过程中更好地理解 ChatGPT 的优势和局限性。

6.3.2 在作品训练领域

《华尔街日报》表示，任何想要用《华尔街日报》记者的作品来训练人工智能的企业，都应该先获得授权。同时，华纳兄弟公司旗下的新闻媒体 CNN 也认为，OpenAI 使用其文章来训练 ChatGPT 违反了新闻网络的服务条款。2022 年 11 月，GitHub、微软和 OpenAI 在一起案件中被起诉，原告指控 GitHub 的 Copilot 工具剽窃了人类开发者的工作内容，违背了开发者的意愿。2023 年 1 月，多位艺术家起诉了 Stability AI、Midjourney 等生成式人工智能企业，声称这些企业下载并使用了数十亿张受版权保护的图片，但是没有对原作者进行补偿或者获得作者的同意。

6.3.3 在创作领域

为了抵制 ChatGPT 生成的作品，一些知名杂志甚至停止接受作者投稿。例如创立于 2006 年的全球知名科幻杂志《克拉克世界》(*Clarkesworld Magazine*)，不久前宣布暂停征稿，主要原因在于，杂志社近期收到了大量人工智能生成的文章，导致审核工作无法进行，因此只能暂停征稿工作。之前，《克拉克世界》每月平均会收到 1100 份投稿，对于被采纳的稿件杂志社会以 12 美分 / 单词的价格向作者支付稿费。但是，ChatGPT 的出现导致投稿量快速增加，仅在 2023 年 1 月，杂志社就拒接了 100 篇作品，并禁止这些作品的作者再次投稿。

在美国也有类似的事情发生，作家卡什塔诺娃 (Kashtanova) 创作了漫画作品《扎利亚的黎明》(*Zarya of the Dawn*)，并于 2022 年 9 月，向美国版权局进行了版权登记。但是，卡什塔诺娃在登记时并未告知版权局，她在该漫画书的创作过程中使用了 AIGC 技术，尤其是使用 Midjourney 生成了漫画书中的插图。为此，美国版权局在 2023 年 2 月的文件中明确表示，由 AIGC 创作的图像将不能受到版权的保护。同时，版权局也明确表示，如果艺术家对于类似 Midjourney 这样的 AIGC 工具进行了创造性的利用，则生成的作品是可以被保护的。

更进一步，美国版权局在 2023 年 3 月 16 日发布了一份公告，明确表示："生成式人工智能产出的作品不受版权法的保护。"

在这份 3 页的声明中，美国版权局表示，通过生成式人工智能（如 Midjourney、Stable Diffusion、ChatGPT 等）生成的作品，整个创作过程均由人工智能完成，并且训练数据也是基于人类创作的作品，因此不受版权法的保护。而使用 Photoshop 创作的作品，由于整个过程中有人工参与创作，并且贯穿作品的构思和最终成品，因此是受到保护的。

6.4 伦理风险

随着人工智能技术的不断发展，越来越多的强人工智能系统被研发出来，这些系统在各个领域都能够表现出非常出色的能力，但同时也带来了许多不可控的风险。

（1）像 ChatGPT 这样的自然语言处理技术具有非常强大的文本生成和分析能力，但是这种能力也可能导致系统出现无法预测的行为，甚至可能与人类的价值观相违背。这可能会导致系统产生一些意料之外的结果，给人类社会带来不可预测的风险。

（2）一些强人工智能系统可能会形成“错误权威”，并存在误导大众的嫌疑。这是因为这些系统在某些领域具有非常高的专业性，但是如果系统的算法和数据存在问题，就会导致系统产生错误的判断和推荐，这可能会误导大众，给社会带来负面影响。

（3）系统可能存在偏见与歧视的问题。这是因为这些系统的学习数据可能具有一定的偏见，导致系统产生错误的判断和推荐，甚至对某些群体产生歧视性的影响。

这些问题都需要我们加强对人工智能技术的监管和管理，建立科学有效的技术评估机制，确保人工智能技术的安全和可控性。只有这样，我们才能更好地利用人工智能技术来促进社会的发展和进步，同时也保护人类社会的安全和稳定。

2022 年，清华大学助理教授于洋对 OpenAI 的 GPT-2 做了性别歧视水平评估，结果发现 GPT-2 有 70.6% 的概率将老师预测为男性，64% 的概率将医生预测为男性。人工智能识别图像的时候，经常把厨师识别为女性。人工智能不仅学会了对人类性别的刻板印象，有时甚至会发表过激的种族歧视言论。

有媒体报道，《纽约时报》的专栏作者凯文 · 罗斯对外表示，ChatGPT 在接入微软必应搜索引擎后，他与其进行了长达两个小时的交流，在这个过程中，人工智能不仅告诉他如何入侵计算机、散播虚假信息，还试图说服他和妻子离婚，与自己在一起。

微软也承认，如果提问超过 15 个问题，则 ChatGPT 有可能会在提示下，脱离微软为其设计的预期，并提供一些不合适的答案。

同时，在 ChatGPT 对外发布之前，很多科技公司都在训练自己的生成式人工智能应用，但一直没有对外公布。其中主要原因在于神经网络的不可预测性，与传统的计算机编程方法依赖精确指令集不同，神经网络会教会自己发现数据中的模式。

例如，2016 年微软就发布过聊天机器人 Tay，但是不到 24 小时，它就对外发表了不符合历史的言论。在韩国，2020 年，韩国企业 Scatter Lab 发布了一款名为 Lee Luda 的人工智能聊天机器人，这款机器人被设定为喜欢韩国女性偶像团体、爱看猫咪照片、热衷于在社交媒体上分享自己生活的女大学生形象。为了训练这款对话机器人，Scatter Lab 自 2013 年开始，搜集了 60 万名年轻人之间的 94 亿条聊天记录，让 Lee Luda 学习这些数据来不断提升自身性能。但是，在推出不久后，

Lee Luda 就因为涉嫌性别歧视、种族歧视、弱势群体歧视等不良情形而备受指责，并在推出不到 2 个月即中断服务。2021 年 4 月，韩国个人信息保护委员会对 Scatter Lab 处以 1.033 亿韩元的处罚。调查发现，Lee Luda 在与用户交流中，不仅泄露了大量用户个人信息，而且未经用户允许就超出信息收集的目的加以使用。大量数据没有进行充分脱敏，侵犯了用户的隐私权。

未来，我们亟待探索形成一套规则，让人工智能工具在这样的框架里实现自我进化，最终变得符合这套规则，让人工智能只有符合监管部门的要求才能被公众使用。

6.5 监管政策加速完善

随着人工智能技术的快速发展，越来越多的人在网络上发声和创作内容，这在一定程度上增加了人工智能技术的不利影响。

一方面，应用门槛的降低，让越来越多的人尝试开启技术的“潘多拉魔盒”，使得人工智能技术的负面影响更加明显。例如，一些人利用人工智能技术制造虚假信息、实施诈骗等，给社会带来了不小的危害。

另一方面，由于人工智能技术越来越“聪明”，可以生成更为真实和自然的图片、视频等内容，这使得利用人工智能技术实施恶意行为的人有了更多的工具和手段。这些恶意生成的内容往往能以假乱真，难以分辨真伪，受害人无法自证清白，也容易被敲诈勒索，造成精神上和经济上的双重创伤。

为了应对这些问题，监管部门需要加强对人工智能技术的监管和管理，并及时采取措施防止其不利影响的扩大。同时，科技公司也应该承担起社会责任，积极探索和应用人工智能技术，为社会带来更多的正面影响。

6.5.1 欧美国家加快人工智能立法步伐

事实上，关于人工智能治理问题，许多国家已经开展了政策规范的制定工作。

1. 美国提出了人工智能技术五大原则

2022 年发布的《人工智能权利法案蓝图：让自动化系统为美国人民服务》，就应对大数据和人工智能技术的影响，提出了人工智能技术的五大原则，具体如下：

（1）建立安全有效的系统原则；

（2）避免大数据算法歧视原则；

（3）保护数据隐私原则；

（4）保持通知和解释的原则；

（5）保持可替代性原则。

2023年4月，美国商务部国家电信与信息管理局发布《人工智能问责政策征求意见稿》，就是否需要对ChatGPT等人工智能工具进行审查、新的人工智能模型在发布前是否应经过认证程序等问题征求意见。此次征求意见稿涉及人工智能审计、风险评估、认证等内容，目的是建立合法、有效、可信的人工智能系统。

2. 英国发布人工智能新监管框架提案

2023年3月底，英国政府发布了人工智能新监管框架提案《一种支持创新的人工智能监管方法》，其目标是“提供一个清晰、有利于创新的监管环境”，从而使英国成为全球建立基础人工智能公司的最佳地点之一。

同时，该提案也明确了要在不损害安全或隐私的情况下进行创新。

具体来看，英国针对人工智能领域的监管框架主要基于五个方面的关键原则。

（1）安全、保障和稳健性，人工智能系统应该在整个生命周期中以稳健、可靠和安全的方式运行。

（2）适当的透明度和可解释性，人工智能系统应该得到适当的解释和保持足够的透明。

（3）公平，人工智能系统不应该损害个人或者组织的合法权利，也不应歧视个人或造成不公平的市场结果。

（4）问责制和有效治理，人工智能系统应该得到有效监督，并建立明确的问责制。

（5）可竞争性和补救，当事方应该能够对可能产生有害结果的人工智能工具提出异议。

3. 欧盟发布了《人工智能法案》草案

这份草案将人工智能的应用按照不同风险等级来进行监管。一方面，根据这个草案，大部分的人工智能应用都将被归类为低风险，这意味着纳入此类别的人工智能应用无须承担任何法律义务。另一方面，一小部分存在不可接受风险的人工智能应用将被直接禁止使用。在低风险和禁止使用之间，将是第三类人工智能应用，即认为这些应用存在明确的潜在安全风险，但这些风险是可以被管理的。

除此之外，欧盟议会还就大模型提出了更加严格的监管要求，具体如下。

（1）版权信息披露：模型开发商将被要求披露在构建其系统时使用的所有材料的版权信息。

（2）公平竞争：生成式人工智能模型提供方不能单方面强加给中小企业和初创企业不公平的合同义务。

（3）保障合法权利：保障隐私、非歧视等基本权利。

（4）降低风险：模型发布之前需要在独立专家的参与下测试风险。

2023 年 4 月，欧盟数据监管机构表示，他们正在组建一个工作组，以帮助各国应对与人工智能聊天机器人有关的隐私问题。

意大利监管部门在 2023 年 2 月初取缔了一款由美国企业开发的名为 Replika 的聊天机器人，主要原因是这款聊天机器人涉及非法收集、处理个人数据，违反了欧盟的 GDPR，尤其是这款聊天机器人对用户没有年龄限制，也不符合透明要求，对未成年人保护构成了挑战和危害。

2023 年 4 月 29 日，意大利数据保护局宣布恢复 ChatGPT 在意大利的使用权，同时 OpenAI 已经向意大利管理机构发送了一份关于保护个人数据的说明，执行一系列安全保护措施，如禁止 13 岁以下儿童使用 ChatGPT，用户有权知道自己的数据是否会用于训练模型等。

6.5.2 我国发布了《生成式人工智能服务管理暂行办法》

2023 年 7 月，国家互联网信息办公室联合其他多个部委发布了《生成式人工智能服务管理暂行办法》，这也是我国首次针对生成式人工智能产业发布的规范性政策。

未来，随着大模型的应用不断深入，丰富的场景将使得模型的事实性错误、知识盲区和常识偏差暴露得更加明显；训练数据合规性、数据使用的偏见性、生成内容的安全性等风险也会逐步被放大，甚至阻碍相关应用的落地。因此，如何提升大模型的稳定性和可信度，成为大模型在应用方向上亟待解决的问题。

针对大模型的安全问题，目前已经有专家提出建立大模型安全分类体系，并从系统和模型层面来构建可信的模型安全框架。例如，清华大学的黄民烈教授，从安全的角度定义了大模型的应用边界，包括更有用、更可信、更安全的维度。针对不安全场景，对大模型建立安全分类体系，将不安全的场景划分为：政治敏感、违法犯罪、身体健康、心理健康、财产隐私、歧视偏见、辱骂仇恨、伦理道德等八个方面。研究人员基于以上八大安全场景，通过手机安全数据对模型进行多轮训练，从而使得模型具备基本的安全性，促使模型越来越符合人类的认知理解模式，生成的内容更加安全可信[1]。

[1] 刘燕 .“ChatGPT 黑化”暴露出太多问题令人恐慌，是时候对大模型做安全评估了 .AI 前线 .2023.3.20.

第 7 章

ChatGPT 对安全能力的提升

前文提到了网络安全的重要性，叙述了人工智能平台可能面临的安全挑战。但是，从另一个角度来说，人工智能技术若能被善用，其实会成为我们提升安全能力的重要帮手。那么，ChatGPT 在提升网络安全能力方面会发挥什么样的作用呢？

7.1 ChatGPT 提升网络安全智能化水平

ChatGPT 可以进一步提升网络安全智能化水平，具体来看主要有以下几个方面的优势。

7.1.1 检测易受攻击代码

代码稳健性对于软件开发和系统安全具有重要意义。具有较好稳健性的代码能够在各种条件下正常运行，不易出现故障，同时也能有效抵御潜在的安全威胁。在此方面，ChatGPT 作为一种人工智能技术，为安全人员提供了一种新的检测代码安全性的方法。尽管 ChatGPT 在某些方面仍存在不足，但对于想要快速检查代码中是否存在漏洞的研究人员来说，它确实是一个实用的工具。

ChatGPT 可以帮助安全人员对代码的安全性进行检测。通过对大量代码样本进行学习，ChatGPT 能够识别出代码中的潜在安全隐患，如缓冲区溢出、SQL 注入等常见漏洞。这种自动化的检测方法相较于传统的人工检测具有更高的效率和准确性。此外，ChatGPT 还可以根据检测结果为安全人员提供修复漏洞的建议，从而降低修复成本和时间。然而，ChatGPT 在代码安全检测方面仍存在一定的不足。例如，它可能无法识别一些复杂或尚未被广泛报道的安全漏洞。此外，由于 ChatGPT 的学习能力依赖于训练数据，因此在面对一些特定领域或特定编程语言的代码时，其检测效果可能会受到影响。尽管如此，ChatGPT 仍然为安全人员提供了一种快速、有效的代码安全检测手段。

卡巴斯基研究人员的实验进一步证实了 ChatGPT 在代码安全检测方面的实用性。在这个实验中，研究人员在被感染的目标系统上使用 ChatGPT 驱动扫描器进行扫描。结果显示，ChatGPT 成功识别出了系统上运行的两个恶意程序，并准确略过了 137 个良性进程。这一成果表明，ChatGPT 不仅能够有效地检测出恶意程序，还能够区分良性进程，从而避免误报。这对于提高安全人员的工作效率具有重要意义。

值得注意的是，ChatGPT 在代码安全检测方面的应用还面临着一些挑战。

首先，随着恶意程序的不断演变，它们可能采用更加复杂和隐蔽的攻击手段，这对 ChatGPT 的检测能力提出了更高的要求。

其次，恶意程序制作者可能会利用 ChatGPT 的漏洞或局限性设计出能够规避检测的恶意程序。

因此，我们需要不断完善和优化 ChatGPT，以应对这些问题。此外，我们还需要关注 ChatGPT 在代码安全检测方面的合规性和隐私保护问题。例如，在对代码进行检测时，ChatGPT 可能会接触到敏感信息，如用户数据、密码等。为了保护用户隐私，我们需要确保 ChatGPT 在处理这些信息时能够遵循相关法规，并采取有效的安全措施。

ChatGPT 在代码安全检测方面具有较高的实用性，能够帮助安全人员快速检查代码中是否存在漏洞，并提供修复建议。虽然仍存在一定的不足，但随着技术的不断发展，我们有理由相信，ChatGPT 将在未来的代码安全检测领域发挥更加重要的作用。同时，我们也需要关注其在应用过程中可能面临的挑战和问题，以确保其能够更好地服务于网络安全事业。

7.1.2 任务自动化

ChatGPT 可以在以下几个方面加强网络安全防御，提高安全人员的工作效率。

（1）ChatGPT 可以进一步加强对脚本、策略编排、安全报告的自动化处理。例如，在渗透测试报告中，ChatGPT 可以根据测试结果自动生成修复指南，为安全人员提供针对性的解决方案。这样可以减轻安全人员的工作负担，提高修复漏洞的效率。

（2）ChatGPT 可以更快地撰写大纲，有助于在报告中添加自动化元素。通过对大量安全报告进行学习，ChatGPT 可以快速生成报告大纲，为安全人员提供清晰的报告结构。这样可以提高报告的质量，同时节省撰写报告所需的时间。

（3）ChatGPT 还可以为企业员工提供网络安全培训课程。通过对网络安全知识和实践案例的学习，ChatGPT 可以生成针对性的培训材料，帮助企业员工提高网络安全意识和技能。这对于提高整个企业的网络安全防御能力具有重要意义。

对于渗透测试和安全产品开发人员来说，ChatGPT 可以帮助生成单元测试代码或渗透测试的脚本。通过对大量测试代码和脚本的学习，ChatGPT 可以根据开发人员的需求生成相应的代码和脚本。这样可以节省开发人员的时间，提高开发效率。

此外，在安全情报众包方面，ChatGPT 可以对来自不同来源的安全情报进行整合和分析，为安全人员提供更全面、准确的情报。这有助于安全人员更好地了解当前的安全形势，制定有效的防御策略。未来，ChatGPT 可以与安全管理团队深度合作，特别是那些处理脚本、恶意软件分析和取证的团队。通过与这些团队的紧密合作，ChatGPT 可以更好地理解安全人员的需求，为他们提供更加精准、高效的支持。

ChatGPT 在网络安全领域具有广泛的应用价值。通过加强对脚本、策略编排、安全报告的自动化处理，为企业员工提供网络安全培训课程，辅助渗透测试和安全产品开发人员生成测试代码和脚本，以及与安全管理团队深度合作，ChatGPT 可以有效提高网络安全防御能力，为安全人员提供强大的支持。然而，我们也应关注 ChatGPT 在应用过程中可能面临的挑战和问题，以确保其能够更好地服务于网络安全事业。

7.1.3 提高解决方案的准确度

ChatGPT 的自然语言生成能力可以帮助网络安全公司自动化生成解决方案，从而减少人为错误导致网络灾难的可能性。与传统的手工编写解决方案相比，ChatGPT 可以快速地生成适应特定情境和需求的解决方案，减少了人工编写产生错误和漏洞的可能性。

此外，ChatGPT 还可以帮助网络安全公司更快地响应网络安全威胁，及时制定应对措施，减少网络被攻击的风险。通过利用 ChatGPT 生成的解决方案，网络安全公司可以提高其响应速度和准确性，降低被攻击的风险。同时，ChatGPT 还可以帮助网络安全公司进行网络安全培训和教育，提高员工对网络安全的认识和意识，减少人为错误的可能性。

同时，ChatGPT 可以帮助 IT 和安全团队实现自动或半自动漏洞检测和修复，以及基于优先级的风险评估等工作，从而提高团队的效率。以往能够进行数据安全分析的人工智能非常稀缺，这对资源有限的 IT 和安全团队来说是一个问题。因为它需要大量数据进行训练，以便了解特定环境中的“正常”和“异常”情况，因此实施起来非常复杂。然而，ChatGPT 的出现极大地简化了这个过程，其强大的理解能力为安全团队带来了极大的便利，使得自动或半自动漏洞检测与修复变得可行且高效。

7.1.4 降低安全产品使用门槛

网络安全产品由于门槛较高，覆盖用户较窄，需要对用户进行长期培训，对于不具备安全专业知识的用户难以轻松使用。ChatGPT 的出现则显著改善了这一情况。用户可以用自然语言进行互动，从而调动安全产品功能，这一过程中无须复杂且专业的操作。例如，美国 StrikeReady 公司开发了 Cara 平台，将自然语言能力融入网络安全产品（见图 7-1）。

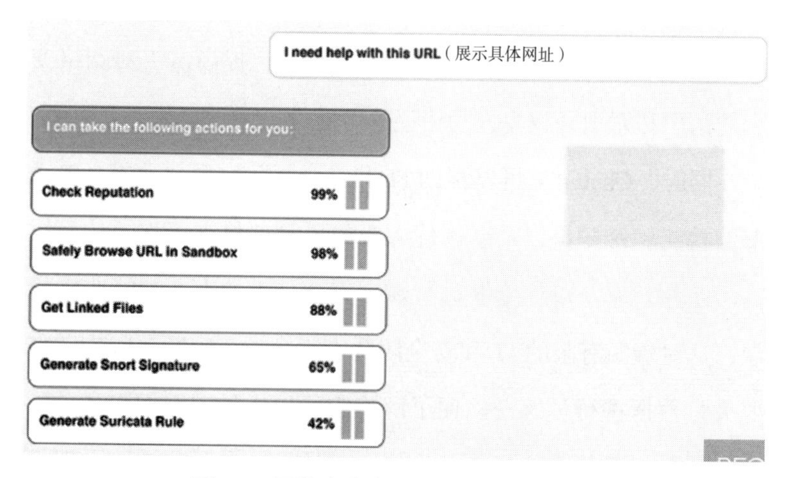

图 7-1　网络安全产品融入人工智能工具

同时我们需要意识到，由于 ChatGPT 模型更新周期较长，目前知识库仅更新到 2021 年，威胁情报难以做到实时更新。

在解析日志方面，由于不同日志的字段命名和结构存在不同，因此解析的确定性难以保证。

在生成检测脚本方面，内容安全的管理策略导致 ChatGPT 的检测将会更加严格并拒绝生成网络安全相关脚本，正确性也难以保障。

在安全事件响应方面，ChatGPT 自身不会联网，知识库更新缓慢，许多场景下无法获得正确的安全情报与缓解措施。

总的来看，对于一些基础和简单的工作，例如基本的框架性代码、简单的语言翻译、内容摘取等，可以利用生成式人工智能提高工作效率；但对于复杂代码生成、敏感信息处理等工作，则应慎重使用 ChatGPT 类应用，以免带来黑客入侵、敏感信息泄露等风险。

7.2 ChatGPT 需要做好安全挑战的应对工作

作为一个大模型应用，ChatGPT 面临着多种安全挑战，如隐私泄露、恶意攻击和误导等。这也是很多大型互联网科技公司迟迟不肯将类ChatGPT应用集成到现有业务的主要原因之一。为了应对这些挑战，网络安全部门需要采取多种措施，包括技术措施、法律政策与社会责任等方面的应对策略。

7.2.1 技术措施

1. 数据安全保障

大模型常需要大量的数据进行训练，在收集、储存和处理这些数据的过程中，可能会出现泄露的风险。数据泄露可能导致用户隐私、企业机密泄露等问题，给个人和企业带来损失。作为一种基于大规模数据训练的应用，ChatGPT 需要强化数据安全保障。对于用户数据等敏感信息，应采取加密、脱敏等安全措施，确保数据在传输和处理过程中的安全性。

2. 安全加固

ChatGPT 需要采取多种技术手段进行模型安全加固。例如，采用加密技术对模型参数和推理结果进行加密保护；采用差分隐私等技术，防止模型被攻击者推断出敏感信息；采用多因素身份验证等措施保障模型管理人员的身份安全。

3. 针对攻击的响应机制

ChatGPT 需要建立针对攻击的响应机制，及时发现和阻止恶意攻击行为。例如，采用异常检测技术对异常访问行为进行监控，及时发现攻击行为，采取相应的应对措施。

目前，已经有科技公司开展安全大模型与应用的研发工作。2023 年 4 月，谷歌发布了谷歌云安全人工智能工作台，包括基于专为网络安全设计的大语言模型 Sec-PaLM。Sec-PaLM 是谷歌大模型 PaLM 的定制版，能够处理谷歌的专有威胁情报数据，帮助企业识别和遏制恶意活动，并协调事件响应行动。微软也发布了基于 GPT-4 的生成式人工智能网络安全产品 Security Copilot，能够将 GPT-4 与微软的专有安全数据结合，高效处理威胁情报并自动撰写安全事件报告。有了人工智能系统的协助，安全分析师的工作效率将进一步提升。

7.2.2　法律政策与社会责任

ChatGPT 等大模型应用需要遵守相关的隐私保护法律法规，对用户数据和个人隐私进行保护。例如，采用数据脱敏等技术措施，确保用户数据的安全性；制定隐私政策，明确用户数据的使用范围和目的。同时，需要加强知识产权保护。ChatGPT

需要尊重知识产权，遵循相关法律法规，保护知识产权持有者的合法权益。例如，建立知识产权保护机制，对模型涉及的知识产权进行管理和保护。

ChatGPT 也需要积极履行社会责任，采取公开透明的方式与用户进行沟通和交流，对用户提供的信息负责任地进行处理。例如，公开模型的训练数据和算法，使模型的推理过程和结果透明化，让用户了解模型的运作机制。同时，防止误导和滥用，避免模型被用于不道德或不合法的用途。建立模型使用规则，明确模型的使用范围和目的，防止模型被用于造假、欺诈等不道德的行为。

ChatGPT 面临的安全挑战需要从技术措施、法律政策和社会责任等不同角度加以应对。只有采取全方位的措施，才能有效应对各种安全挑战，保障模型的安全性和可靠性。总的来看，ChatGPT 对于网络安全行业的创新与效率具有明显的推动作用。ChatGPT 并不会引入新的安全威胁，但是会加速、升级和增强现有威胁。因此，在新一轮科技竞争中，防御性人工智能与攻击性人工智能需要在竞争中更有效地学习并利用智能化技术，快速提高自己的能力。在网络安全攻防对抗模式下，以智能对抗智能才是未来发展的方向。

第 8 章

客观看待 ChatGPT 给经济社会带来的影响

8.1 ChatGPT 的局限性

当前，我们评估一项创新性技术是否会带来变革性影响，主要遵循一个完整的逻辑链条，那就是“技术—应用—影响”。一项新技术或者应用，取得技术上的革命性突破，并不必然带来变革性的社会影响力，要产生影响力，它还必须具备一定的社会应用广度和深度，而这又取决于三个主要因素：一是技术本身是否成熟、稳定；二是社会风险是否在可控的范围内；三是政策环境是否有利于进一步普及延伸。

1. 技术功能

对于 ChatGPT，我们应该客观看待，当我们使用 ChatGPT 进行工作和体验的时候，除非你知道正确的答案是什么，否则我们很难确定人工智能给出的答复是准确的，还是胡乱拼凑的。因此，ChatGPT 在当前更类似于一个聪明的对话工具，如果大规模推广或者应用在工作场景中，其实可能会面临大量的阻碍。因此，要想在经济社会中发挥作用，还有很长的路要走。

2. 社会风险

ChatGPT 在使用的过程中，其呈现的答复内容目前并不显示数据的来源，虽然能够达到“知无不言”，但也毫不掩饰对信息进行筛选的做法。用户得到的是量身定做的答案，这会更让人们陷入“信息茧房”之中。对于一些关于毒品制作、武器研制等方面的问题，在修改提问方式之后，就可以绕过其安全审查机制，这会对经济社会带来安全挑战。

3. 政策环境

当前全球各国都已经意识到新技术对经济、社会、国家安全带来的影响，并着手构建治理框架。因此，ChatGPT 等生成式人工智能不具备“野蛮生长”的环境，对于新技术，各国也在积极开展治理应对。

生成式人工智能难以仅凭技术创新和经验的表现，就大行其道。技术的落地普及还取决于社会的选择，各方对于生成式人工智能功能、风险与价值的评估。这些内容涉及技术、伦理等方方面面的考量。在 ChatGPT 引发关注的同时，一些专业人士也对 ChatGPT 提出了批评，目前主要集中在以下几个方面。

8.1.1 技术创新性与工程创新性

知名人工智能科学家杨立昆指出：“ChatGPT 既没有特别的创新，也不具备革命性，OpenAI 只是把已有的研究变成了工程应用，包括底层的 Transformer 算法、自监督训练、微调等做法，都是已经存在的技术并非原创。ChatGPT 只是将这些能力进行叠加，利用基础模型规模带来的泛化能力，实现质变的效果。”

但是从另一方面讲，科学发现和技术应用是有一定差别的。纵观科技发展史，瓦特并非蒸汽机发明人，谷歌也不是搜索引擎的首创者，苹果公司更没有发明手机，但这并不妨碍他们把技术带入经济社会中，并形成巨大的变革效应和影响力。这里需要指出的是，科学发现的突破并不代表可以直接应用于企业产能的提高，距离为更多普通人提供服务往往还很远。

8.1.2 知识局限性

ChatGPT 作为一种先进的人工智能技术，虽然在很多方面表现出了强大的能力，但由于其语料库等局限性，仍然存在一些不足之处。

（1）由于模型的内部知识库停留在 2021 年，ChatGPT 对 2022 年之后的新闻和事件并不了解。这意味着当用户询问有关 2022 年及以后的事件时，ChatGPT 无法提供准确的信息。例如，当用户让 ChatGPT 评价 2022 年卡塔尔世界杯时，ChatGPT 会如实表示自己并不知道 2022 年以后的世界。这种局限性使得 ChatGPT 在某些方面略逊于搜索引擎，因为搜索引擎可以实时更新数据，提供最新的信息。

（2）随着全球数据的快速增长，一年时间内产生的数据和信息量巨大。这意味着 ChatGPT 在面对新兴的知识和认知时，可能会显得力不从心。例如，对于新的科技发展、政治事件、社会变革等方面的信息，ChatGPT 可能无法提供准确的解答。这对于用户来说，可能会导致获取信息的困难，降低用户体验。

（3）ChatGPT 在数学计算能力上也存在一定的问题。尽管它在自然语言处理方面表现出色，但在处理数学计算时，可能会出现错误。例如，面对简单的除法问题——10 除以 2，ChatGPT 给出的答案竟是“300000 万”。这种错误可能会让用户对 ChatGPT 的可靠性产生怀疑，影响用户体验。

8.1.3 参数与效率

参数数量长久以来一直是衡量模型性能的关键因素。过去几年，全球主要科技公司围绕千亿、万亿规模参数量的大模型开展竞争，大大提升了人工智能模型的性能。但对中小企业和普通研发人员来说，参数量规模巨大的模型成本过高，阻碍了他们对大模型运行原理、潜在问题解决方案等问题的研究工作。同时，参数过多会占用更多的算力资源，导致成本居高不下，成为新的门槛。因此，如果模型参数可以有效减少，同时性能保持稳定，那么将进一步降低门槛，并在现实应用环境中更容易部署，甚至可以在不久的将来，在用户的手机或者笔记本电脑上运行类似 ChatGPT 部分能力的大语言模型。例如，杨立昆对外宣布，将开源 LLaMA（Large Language Model Meta AI）大模型。据称，LLaMA 大模型性能优异，参数数量为 70 亿 ~ 650 亿。尤其是具有 130 亿个参数的 LLaMA 大模型在大多数方面可以胜过 OpenAI 的 GPT-3。

根据专业人士测算，大模型与搜索引擎的融合在经济上是可行的。具体到成本上，高性能的大模型驱动的搜索引擎成本，预计占当前广告或者查询收入的 15%。但是经济上的可行性并不意味着经济上的合理性，大模型驱动搜索引擎虽然在单位经济上是有利可图的，但对于收入超过 1000 亿美元的搜索引擎公司来讲，添加大模型可能意味着超过 100 亿美元的额外成本。

在未来，大模型的成本会显著降低，自 GPT-3 公布以来，已经有多个与 GPT-3 规模相当的模型，其训练和推理成本下降了约 80%。可以预见，与增加高质量的训练数据集相比，靠增加模型参数数量来提升大模型性能的边际收益越来越小。

8.1.4 盈利与成本之间的平衡

目前 ChatGPT 已经正式启动收费模式，付费版本正式名称为 ChatGPT Plus，每月收费 20 美元。需要指出的是，ChatGPT 现阶段吸引用户的更多是娱乐、尝鲜方面的应用。真正令人拭目以待的，是它未来在商业方面的实际应用，有了足够大的市场容量和场景去推动，才能让产品持续迭代和发展。

虽然 ChatGPT 目前每次调用的费用仅有几美分，但是在实际应用中，以智能客服为例，一家公司每天的调用可能在几十万次甚至上百万次，相关成本过高，目前也是阻碍 ChatGPT 落地的问题之一。

据估算，ChatGPT 训练一次的成本约为 460 万美元，按照百万级的用户规模来看，计算的运营成本为 300 万美元 / 月 [1]。尤其是当前人工智能已经有大量技术储备，但还需观察其是否具有持续解决问题的能力，以及是否产生效益，而这是形成盈利模式的关键。目前，有代表性的大模型参数规模与成本如表 8-1 所示。

表 8-1 模型参数与成本

序号	模型名称	参数	训练成本
1	GPT-3	1750 亿个参数	1200 万美元
2	GPT-4	预计 5000 亿个参数	1 亿美元
3	LLaMA	650 亿个参数	
4	PaLM	5400 亿个参数	900 万 ~ 1700 万美元

同时，在用户对 ChatGPT 表现感到惊艳的背后，仍有大量人员在为 ChatGPT 能够规范地输出作出努力。ChatGPT 之前的人工智能聊天机器人，存在一个普遍的问题，即容易脱口而出暴力、性别歧视和种族主义言论，因此很难真正做到普及。正因为如此，OpenAI 为了尽可能保证 ChatGPT 温和无害，建立了一个额外的安全机制。OpenAI 基于涉及暴力、仇恨等内容的

[1] 刘育英．中国信通院：ChatGPT 爆火，我们会掉队吗？如何防止 AI 作恶？．国是直通车 .2023.2.16.

样例，训练出了能够检测有害内容的人工智能，并将其作为检测器内置到 ChatGPT 中，发挥检测和过滤的作用。

以上的例子看似简单，实际需要经过数据标注工作，这项工程浩大的工作需要大量人力，主要由肯尼亚的工人负责对有害信息打上标签。从 2021 年 11 月起，OpenAI 通过外包公司 Sama 发送了数万个文本片段，其中大部分涉及违规甚至违法内容。

但 Sama 公司的数据标注员待遇并不高，根据《时代》周刊的调查发现，其标注员每小时的工资仅为 1.32 ~ 2 美元，需要 9 小时轮班。与之相对的是，2007 年，计算机视觉专家李飞飞雇用了一群美国普林斯顿大学的本科生，以每小时 10 美元的价格，让这些大学生尝试做数据标注工作。而李飞飞推动的 ImageNet 项目背后是来自 167 个国家的 5 万名数据标注人员，花费 3 年的时间来完成相关图片的标注工作。从那之后的几年，数据标注逐渐发展成为一个产业，但从业人员待遇明显下降，标注员也不再是大学生。2019 年前后，我国的河南、甘肃、河北、四川等地陆续出现了数据标注公司。2021 年发布的《人工智能训练师国家职业技能标准》对这一职业的能力特征描述是：具有一定的学习能力、表达能力、计算能力；空间感、色觉正常。

8.1.5 应用落地所面临的困境

大量客户在应用新技术时希望进行私有化部署。但对于 ChatGPT 来讲，其模型非常大、资源要求很高，当前不太可能实现私有化部署。同时，对于垂直领域的特定任务，大模型需要进行适配，其专业性还是欠缺的。尤其是和企业的核心业务流程做深度绑定和融合是需要解决的一个关键问题。

因此，对于初创企业来讲，如何深化对垂直行业的认知，真正把大模型融入企业创新业务流当中，是考验企业能力的核心。而初创企业在垂直行业的积累和认知深度，可以在细分数据和服务上做得更加精准，在用户、反馈、数据、服务之间形成反馈闭环。即使这些初创企业无法成为独角兽，但是在非常特定的细分市场仍然可以获得盈利且不需要大量技术和时间投入。

ChatGPT 应用落地最终比拼的是核心能力跟业务结合的紧密程度，且能解决好跟大模型结合的问题，即在充分利用已有大模型的情况下，尽可能把自己的小模型的闭环能力做好。有专家甚至坦言，当大模型能让人工智能打赢辩论赛时，它的能力才能算有质的突破。

8.1.6 能耗挑战

现如今的人工智能体还远不如人类。根据第三方分析预计，ChatGPT 部分依赖的 GPT-3 模型的训练会消耗 1287 兆瓦时电力，产生 550 多吨的二氧化碳，相当于一个人在纽约和旧金山之间往返飞行 550 次 [1]。人类大脑每秒可以进行 10^{13} 次运算，需要 10 万个 GPU 才能接近人类大脑的运算能力，但人类大脑消耗的功率仅为 25 瓦，而当前单个 GPU 消耗的功率就达到 250 瓦。正如牛津大学人类未来研究所学者托比·奥德所说："如果一切顺利，人类历史才刚刚开始。"人类大约有 200 万年的历史，但地球还将保持数亿年的可居住性——这为人类后代提供了足够的时间，足以永远结束疾病、贫穷和不公正，创造今天无法想象的繁荣。如果我们能够学会进一步深入探索宇宙，我们就会有更多的时间——数万亿年，探索数十亿个"地球"。这样的未来前景使人类目前仍处于最早的婴儿期，一个巨大而非凡的成年期正在等待着我们 [2]。

[1] ChatGPT 爆红的背后：碳排放量大幅增加 . 中电能协数据中心节能技术分会 .2023.2.16.

[2] 李光辉 David Lee.ChatGPT 全景图 | 产品 + 商业篇 .David 的 AI 全景图 . 2023. 1.30.

此外，和 ChatGPT 类似的产品也在不断推出，由 OpenAI 前员工研发的聊天机器人 Claude 目前已经推出。Claude 使用了自行开发的 Constitutional AI 机制，让其模型基于一组原则，指导 Claude 回答问题，使人工智能系统与人类意图保持一致。谷歌也推出了类似的聊天机器人 Apprentice Bard，这款产品基于谷歌对话模型 LaMDA 开发，员工可以向其提问，并获得类似 ChatGPT 的详细答案。据了解，Apprentice Bard 对刚刚发生的事情也能够给出答案，而这种能力是ChatGPT尚未具备的[1]。据了解，针对 LaMDA 模型，谷歌创始人谢尔盖·布林亲自修改相关代码，足见谷歌对 AIGC 领域的重视。

8.1.7 模型优劣的衡量方法探索

衡量一个模型的优劣，主要从处理信息的适用性、准确度和时效性三个维度来开展。以 ChatGPT 为例，我们可以从这三个方面对其进行评估。

在适用性方面，ChatGPT 表现较好。作为一种先进的人工智能应用，ChatGPT 能够很好地识别自然语言，理解用户的需

[1] 齐旭 .ChatGPT 万亿美元商业化狂想 . 中国电子报 .2023.2.3.

求，并根据需求生成相应的文本。这使得 ChatGPT 在很多场景下具有很高的应用价值，如撰写文章、生成报告、提供智能问答等。此外，ChatGPT 还能够处理多种类型的文本，包括正式文本、非正式文本、口语等，这进一步提高了其适用性。

在准确度方面，ChatGPT 存在一定的不足。虽然 ChatGPT 在自然语言处理方面表现出色，但在知识和推理方面，它采用了更模糊的方式。这意味着 ChatGPT 在回答一些问题时，可能无法提供准确的答案。与搜索引擎相比，ChatGPT 在准确度方面存在较大差距。搜索引擎可以实时更新数据，提供最新的信息，而 ChatGPT 则受限于其训练数据，无法获取到最新的知识。这使得 ChatGPT 在某些场景下可能无法满足用户的需求。

在时效性方面，ChatGPT 也存在一定的局限性。如前文所述，由于训练 ChatGPT 的数据时间截至 2021 年，模型以年为单位进行训练，因此它不具备处理有时效性的信息的能力。这意味着当用户询问有关 2022 年及以后的事件时，ChatGPT 无法提供准确的信息。这种局限性使得 ChatGPT 在某些方面略逊于搜索引擎，因为搜索引擎可以实时更新数据，提供最新的信息。

ChatGPT 模型优劣性的衡量标准具体见表 8-2。

表 8-2　ChatGPT 模型优劣性衡量标准

分类	分数（满分 10 分）	优劣势
适用性	9 分	能够很好地识别自然语言
准确度	6 分	准确率和搜索引擎有较大差距
时效性	2 分	目前不具备处理有时效性的信息的能力

一个事物被神化后往往会带来恐惧，而恐惧对创新的发展来说是不利的。

一方面，ChatGPT 实际上是生产力工具，可以帮助我们提高效率，但是很难替代人的角色。公众不用杞人忧天，在相当长的时间里它其实只是一种高效的工作和沟通工具。

另一方面，当前对 ChatGPT 的狂热有些过度。ChatGPT 本质上并没有将生产力在量级方面实现提高，距离划时代的革命还有很长的路要走，距离通用人工智能更是还很遥远。过去几年的区块链、Web3.0、元宇宙都曾火爆一时，但是开始的狂热并没有带来持久的发展和实际上的普遍落地。

8.2 ChatGPT 引发的思考

8.2.1 如何看待人类创新与机器创新

ChatGPT 在创造性工作中的出色表现，让人们不禁反思，什么是创新、什么是艺术等问题。例如：

- 是否在很大程度上，我们所谓的创新其实也是一种沿袭和重组?
- 人类有哪些东西是不可替代的？最宝贵的特质是什么？
- 我们应该在哪些事物上花费时间和生命？

当然，这些问题事实上在很多新技术出现时，都曾引发人们的关注和思考。很多技术其实很早就把人类甩在身后。例如，汽车比人类奔跑得更快，计算机比人脑计算得更快，起重机比人类体力更强，这种现象在未来只会越来越多。

在《思考，快与慢》一书中，作者丹尼尔·卡尼曼提出，人类的思考方式主要有两种：思考方式 A 和思考方式 B。

思考方式 A 的特点是基于直觉和经验的判断，呈现出来的特点就是速度快、不需要大量思考和计算。比如我们经常看到新闻，专业的围棋选手和普通围棋爱好者进行一对多的比赛，俗称“车轮大战”，这些专业选手在进行这样的比赛时并不会非常仔细地计算每一步棋该如何走，而是基于多年的训练和记忆，从棋盘格局上来判断落子的位置，也就是说，通过直觉和记忆来进行快速决策。

思考方式 B 的特点是有语言、算法和逻辑，需要进行深度思考。例如，完成高考题目、职称考试等，再专业、优秀的人才，也需要认真对待，通过仔细阅读题目、计算、推理，最终得出结果。这一过程不是瞄一眼就能够完成的，而是需要调动知识、计算、逻辑与经验，是一个高认知负荷的脑力推导过程。

在人工智能发展初期，人们认为人工智能系统更适合做“思考方式 A”的系统，例如人脸识别、视觉质检等，都是基于“思考方式 A”开发的应用。但是，这一领域目前已经进入成熟期，价值天花板不高。

随着 ChatGPT 的出现，未来人工智能技术发展会越来越在“思考方式 B”的领域进行探索，尤其是在学习效率、深度、广度上，人工智能将更有优势。基于此，人们将更多承担“思考方式 A”的责任，也就是说，把繁杂的推导过程交给人工智能的“思考方式 B”来进行，让其为人们呈现出推理过程与决策选项，通过这些协同交互帮助人们更好地做决策。

人们可以借助人工智更快地发现新知识，洞察认知的深度和广度，并完成任务。新发现的知识又可以帮助我们设计研发出更好的人工智能，如此一来，一个创造新知识的飞轮就出现了。

8.2.2 ChatGPT 在哪些方面值得我们学习

复现 ChatGPT 的难度主要在于如何获取算力、大规模的高质量数据，以及标注员标注数据的选择和标注质量。

1. 大模型

对于 ChatGPT 的出现，国内专家普遍认为我国与硅谷的前沿技术还有两年以上的差距。尤其是基础模型本身的差距。大模型作为本轮人工智能发展的灵魂，使 ChatGPT 让我们眼前一亮。通过学习各个行业的数据，ChatGPT 除了能够给出相较于小模型更准确的预测结果，还展现出了较好的泛化能力和迁移能力。国内在大模型上的相关训练，在充分程度上是远远不够的，而且现在大模型的底层技术、基础架构均由国外头部企业掌握，且部分模型不开源，也不提供接口服务。另外，国内企业尚未把数据和模型的飞轮有效地结合在一起。当然，在差距面前，我们仍能看到国内技术体系在场景应用方面也有一定的优势；在局部应用中开始超越，形成自己独有的优势。

2. 组织机制

ChatGPT 在这方面确实为我们提供了许多值得学习的经验。

（1）我们要认识到技术路线交替竞争是业内常态。在科技领域，各种技术和方法层出不穷，竞争激烈。因此，我们需要具备敏锐的洞察能力，发现新的技术趋势和机遇。同时，我们还要保持谦逊和开放的心态，勇于学习和借鉴他人的优点，以便在竞争中不断提升自己。

（2）保持创新精神至关重要。在科技发展的浪潮中，只有不断创新才能保持竞争力。企业要鼓励员工敢于尝试，勇于挑战，为企业创造更多的价值。同时，企业还要为员工提供良好的创新环境，让他们能够充分发挥自己的才能和潜力。

（3）长期主义是关键因素。在科技领域，很多创新需要长时间的研究和实践才能取得突破。因此，我们要有耐心和毅力，坚定地将资源投入研究和开发中。同时，我们还要关注企业的长远发展，制定合理的战略规划，确保企业在未来的竞争中立于不败之地。

（4）投入和决心也是取得竞争优势的关键。我们要充分认识到科技创新的重要性，加大研发投入，为创新提供充足的资源保障。同时，我们还要有坚定的决心，勇于面对困难和挑战，始终保持对创新的执着追求。

ChatGPT 的成功经验告诉我们，在技术路线的交替竞争中，保持创新精神和长期主义，以及在创新性、投入、决心、人才储备等方面的坚持，将成为占据竞争优势的关键。只有这样，我们才能在激烈的市场竞争中立于不败之地，为企业创造更多的价值。

3. 人才密度

《ChatGPT 团队背景研究报告》的数据显示，在 OpenAI 中，参与 ChatGPT 项目并作出贡献的人员有 87 人。也就是说，这个不足百人的团队，作出了令全球关注的明星产品。从 ChatGPT 团队分工来看，87 人中研发人员有 77 人，占比约 88%；产品人员 4 位，占比约 5%。在年龄分布上看，20 ~ 29 岁的人员共 28 位，占比约 34%；30 ~ 39 岁的人员为 50 位，占比约 61%，3 位在 40 ~ 49 岁，60 岁以上的为 1 名。平均年龄为 32 岁。学士、硕士、博士的占比分别为 33%、30%、37%。可以看出，OpenAI 小而美的团队不但高端人才密集，而且能力不输其他大型科技公司。同样，另一家知名的 AIGC 公司 Midjourney 全职员工仅有 11 人，其中 8 人是技术和研究人员，但就是这 11 人创造了 1 亿美元的年订阅收入。

4. 基础学科

概率论和贝叶斯理论是这一轮 ChatGPT 发展的基础理论。在概率论方面，著名科学家拉普拉斯曾经说过：“概率论这门源自赌博的学科，竟成为人们知识的重要组成部分，因为生活中的大多数问题，都可以理解为是概率问题。”小到买彩票，大到人工智能与星辰大海都和概率论密切相关。在贝叶斯理论方面，如果把人工智能对话系统的回复答案看作 A，已知的问题和信息看作 B，ChatGPT 就可以通过贝叶斯定理计算出 P（A|B），从而确定回答的概率。这是 ChatGPT 的本质。从中我们也可以看出，在 ChatGPT 依托的底层大模型领域，也是数学家在指引我们前进。

贝叶斯定理的数学表达式为：

$$P(A|B)=P(B|A)\times P(A)\div P(B)$$

其中，P（A|B）表示已知 B 发生的情况下，A 发生的概率；P（B|A）表示已知 A 发生的情况下，B 发生的概率；P（A）表示 A 发生的概率；P（B）表示 B 发生的概率。

8.2.3 经济下行与技术倒逼创新

每次危机都是新技术创新和产业发展的转折点。1958 年，人们经历了第二次世界大战后最大的经济危机，大量美国家庭渐渐减少了消费，尤其是购买汽车的速度下降，导致美国制造业和汽车业遭受重大打击，大量人员失业。在经济危机最开始的两年，“晶体管之父”威廉·肖克利（William Shockley）成立了肖克利实验室，并招揽各界人才，但由于管理不善导致“八叛徒”离开这位诺贝尔奖获得者的公司，从此这八个人如蒲公英一样，在硅谷创办出诸多企业，如英特尔、凯鹏华盈、AMD、国家半导体、红杉资本都与肖克利实验室或者“八叛徒”有密切联系。

2000 年，互联网泡沫破裂，大量企业因为融资花光而破产。但是仍旧有年轻人认为未来的互联网会融入大众生活，包括消费、支付和社交。例如，PayPal 被出售给 eBay 后，PayPal 的原创始人和员工纷纷创立自己的新事业，后来创建特斯拉的埃隆·马斯克就是起步于此。

在 2023 年的当下，全球经济增长疲软，消费互联网增长乏力，但仍有人相信通用人工智能可以造福人类，并在企业成长中不断发现新的机会，大量创业人员和想法从 OpenAI 的土壤中孵化，最终实现了更多社会资源的整合与效率的提升，让人工智能这颗蒲公英在更广阔的领域开花结果。

从这三段历史中我们可以发现，技术突破或者拐点的到来有四个比较重要的特征。

（1）经济疲软会倒逼基础创新。1958 年、2000 年、2023 年都属于全球经济疲软期，经济社会亟待进一步转型，需要找到新的动力。此时新技术和商业模式成了全球关注的新方向。

（2）在经济下行的压力下，最初形成组织的人才都有过创业经历，了解创新的企业该如何生存下来，以及如何形成自己的核心竞争力。

（3）目标宏大。在创业的过程中，这些企业和创始人都会为自己设定宏大的目标，敢于将自己的愿景和人类共同的福祉联系到一起，致力于成为全球最重要行业里最重要的企业。

（4）形成共振。新企业的创始人与资本和原公司有着良好的互动和投资协作，形成较好的关系网络和传承精神。

科技创新充满了不确定性，只有站在技术前沿才能把握未来。神经网络最开始也不被人看好，但 OpenAI 联合创始人伊利亚早年研究图像神经网络的时候就观察到，更深更大的神经网络表现会更好，这种观察和直觉成为技术突破背后科学家的灵光一闪。再加上技术成果普及推动的产业发展，“不确定性的

灵光一现 + 技术应用趋势规律”的组合才得以构建起来。

同时，我们在观察 ChatGPT 的时候可以发现，在惊艳的效果背后，核心的技术是不断让人工智能找到数据中隐藏的关联。其本质是通过多种算法组合到一起，结合正确的训练方法，让人工智能找到人类数据中一直未被大家发现的经验逻辑。

8.3 ChatGPT 只是开始

生成式人工智能推动着技术“脱虚向实”，传统观点认为人工智能主要服务于虚拟世界，比如搜索、资讯等，但是大模型的出现，让生成式人工智逐渐走向物理世界，比如在对蛋白质结构的预测、对材料及新分子结构的生成方面，生成式人工智已经在发挥重要作用。

1. 药物研发

2010 年的一项研究显示，一种药物从研发到上市，需要支付的成本平均约为 18 亿美元，同时整个研发过程长达 3 ~ 6 年。

生成式人工智能正在被用于药物设计，预计可将研发周期缩短至几个月，从而减少制药行业的研发成本和时间。

例如，Insilico 是一家人工智能药物开发公司，Insilico 推出了用于从头设计、优化小分子的软件平台 Chemistry42，将最先进的生成式人工智能算法与药物和计算化学方法连接起来，生成具有优化特性的新型分子结构。Chemistry42 是一个主动学习系统，依托 42 种经过预训练的生成算法来设计类药物分子结构。

2. 疾病起源探究

深度学习模型揭示了人类认知和脑部疾病的起源。人类的认知是进化的一个决定性特征，但目前只有一小部分突变被发现具有显著意义。目前，美国国家医学图书馆和国家癌症研究所的研究人员创建了人脑基因调控人工智能模型，这一模型确定了数千种可能影响新皮质发育的突变，并通过改变大脑基因调节机制促进数学能力的获得。这一开创性的研究，可能会更好地了解人类健康，并发现治疗复杂大脑疾病的新疗法。

3. 疾病复发预测

新的机器学习模型提高了对前列腺癌复发的预测。对癌症复发的预测一直具有较大的难度，美国匹兹堡大学医学院的研究人员开发了一种机器学习模型，将已知在前列腺癌中广泛存在的融合基因与常用的格林森评分和前列腺特异性抗原水平结合起来。机器学习模型通过单独或者联合临床试验，可以不断改善前列腺癌复发的预测。

4. 药物风险预测

机器学习可以帮助医生预测患者用药的风险。阿片类药物有镇痛和中枢神经系统镇静作用，但会引发成瘾等问题。加拿大阿尔伯塔大学的研究人员利用人工智能帮助医生更好地预测哪些患者有阿片类处方药物不良后果的风险。研究人员创建了机器学习模型，以评估患者在服用阿片类药物处方后 30 天内急诊就诊、住院或者死亡的风险。机器学习允许计算机在大量数据中找到固定的模式，随着时间的推移，不断验证和重新训练更新的信息，从而使结果变得更加准确。

5. 材料学

通过生成式人工智能，可以组合出具有特定物理特性的新材料，从而对国防、航空、电子、能源、汽车等行业产生巨大影响。这一过程被称为逆向设计工程。与过去偶然发现某些特性的材料相比，这一过程可以让研究人员更加主动地定义具有某些特性的材料。例如，可以生成更具有导电性或者磁性吸引力的材料，用于满足能源和运输行业的特殊需求。

6. 芯片设计

生成式人工智能可以使用强化学习来优化半导体芯片的设计，尤其是元器件的位置布局，从而将产品研发周期从几周压缩到几小时。

7. 合成数据

生成式人工智能可以用来创建合成数据。当前用户对数据隐私要求越来越高，而合成数据并非来自对真实世界观察的结果，从而可以保护训练数据原始来源的隐私性。例如，可以生成用于研究和分析的医疗数据，避免透露所使用的医疗记录上病人的信息，保护病人隐私。

8. 零件设计

制造、航天、交通等领域需要大量零件供给，尤其是需要满足制造工艺、材料、性能等方面的要求。例如，美国国家航天局正在使用生成式人工智能进行零部件设计，设计出来的零件虽然看着非常奇怪，但是可以在不牺牲性能的前提下，将其重量减轻三分之一。又如，生成式人工智能为阿斯顿·马丁公司设计了后车架，对比发现，新零件的重量减轻了 40%，并且在数字模拟碰撞中，其性能超越了传统零件。同时，生成式人工智能进一步压缩了设计和迭代的周期，从设计提出、对比分析再到评估其可制造性，生成式人工智能在短短一个小时之内就可以进行 30 多次迭代，这种速度在以前是不可想象的。

9. 自然生态保护

鸟类迁徙是一种神奇的自然现象。据了解，全球约五分之一的鸟都会因为繁殖和越冬而定期迁徙，这对于生态学非常重要。以前，我们只能通过人工观察或为鸟儿安装 GPS 装置等方式来研究鸟类迁徙，但是最近美国马萨诸塞州立大学和康奈尔大学的研究人员推出了一个名为 BirdFlow 的概率模型。据了解，该模型利用计算机建模和 eBird 数据集可以准确预测候鸟的飞行路径，而且准确率还很高。 BirdFlow 模型的出现，意味着人类在研究鸟类迁徙方面可以应用机器学习这一有效的工具。虽然研究还处于早期阶段，距离应用于自然保护等实际问题也还有一定的距离，但这项研究透露出了一个重要趋势，即人工智能正被广泛应用于自然保护领域。

10. 深空探索

大气层其实是一把双刃剑，虽然众所周知，它对于地球生命至关重要。但另一方面，它也会给天文研究带来不少麻烦。其中，最为突出的就是大气层的干扰，会导致地面天文望远镜获得的天文图像变得模糊，而这种模糊有时会造成错误的物理测量，非常影响科研进展。为此，清华大学和西北大学的研究人员利用数据训练了一种计算机视觉算法，对天文图像进行锐化还原。结果表明，这一算法较之经典方法，误差减少了 38.6%；较之现代方法，误差减少了 7.4%。越来越多的天文学家正将人工智能作为一种强大的探索工具，正如中国科学院国家天文台研究员、FAST 首席科学家李菂所说："如果问现在天文学使不使用机器学习、深度学习等技术，就好像问 20 年前天文学用不用计算机一样。"

近年来，人工智能在各个方面都在逐步完善，其应用范围也在不断扩大，在很多领域开始可以分担人们的工作。从科技发展的历史来看，人工智能时代将给经济社会带来新的技术大变革。技术在革新的同时，也在加速发展，也必将带来新的失业潮，但是不必担心它完全取代人类。在工业革命的发展过程中，蒸汽机的广泛使用曾导致大量传统产业的工作消失，但是也创造了足够数量的新工作。例如，汽车代替了马车，导致马车夫的失业，却促进汽车驾驶员岗位的诞生。因此，对于新技术我们没有必要畏惧革新，但是要在科技创新的趋势中把握方向，需要我们有长远的目标和眼光，积极主动地去认识和使用新技术，培养人工智能时代所需要的信息素养和思维能力。

8.4 我国在智能聊天机器人与大模型领域的探索

8.4.1 MOSS

2023 年 2 月，复旦大学自然语言处理实验室发布了人工智能聊天机器人模型——MOSS。在参数数量方面，MOSS 具有 160 亿的参数规模，总训练标记数据数量达到 7000 亿，其中还包含约 3000 亿个代码。MOSS 可以按照用户输入的指令完成各类自然语言处理任务，包括文本生成、文本摘要、翻译、代码生成、闲聊等功能。与 ChatGPT 不同的是，研发人员让 MOSS 和人类以及其他人工智能模型进行交互，从而提高学习效率和研发效率，在较短时间内完成了对话能力的训练。

但 MOSS 还有诸多不足，如缺少高质量的数据、计算资源、模型容量等，距离 ChatGPT 有较大差距。在训练数据方面，

MOSS 在理解和生成英文以外的语言方面表现不佳。其基础模型学习了3000多亿个英文单词，中文词语只学习了约300亿个。在模型容量方面，MOSS 还没有包含足够多的世界知识，因此 MOSS 生成的一些内容可能包含误导性或者虚假信息。

目前，复旦大学已经将MOSS开源。在经过对话指令微调、插件增强学习和人类偏好训练之后，MOSS 目前已经具备了多轮对话能力及使用多种插件的能力。

8.4.2 ChatGLM

清华大学的唐杰教授在 2023 年 3 月中旬对外宣布：基于千亿级参数大模型的对话机器人 ChatGLM 正式启动内测。据了解，ChatGLM 参考了 ChatGPT 的设计思路，在基座模型 GLM-130B 中注入代码进行预训练，通过监督微调等技术实现人类意图的校准。在数据处理和模型优化方面采用了独特的技术和方法，从而提高模型的性能和交互效果。同时，ChatGLM 专门对中文进行了优化，在剧本创作、编写代码、解答数学题目等方面，都有较好的表现。在斯坦福大学报告的 30 个世界主流大模型评测中，GLM-130B 也成为亚洲唯一入选的模型[1]。为了更好地推动我国大模型的发展，唐杰教授团队开源了 ChatGLM-6B 双语模型，该模型包含了 62 亿个参数。

8.4.3 百度文心一言

2023 年 3 月 16 日，百度正式推出国内首款生成式人工智能产品——文心一言，可支持文学创作、文案创作、数理推算、多模态生成等功能。据了解，文心一言主要包含以下组成部分。

（1）文心知识增强大模型：文心一言的模型层核心能力

该产品主要采用 ERNIE 系列文心自然语言模型，拥有千亿参数级别的 ERNIE 3.0 Zeus 为该系列的最新模型，这进一步提升了模型对于不同下游任务的建模能力，大大拓宽了文心一言的应用场景。

（2）飞桨深度学习平台：文心一言的框架层核心能力

该产品系业内首个动静统一的框架、首个通用异构参数服务器架构，支持端边云多硬件和多操作系统，为文心大模型提供有效、快捷、完整的训练框架。

---

[1] 丰色 . 清华系 ChatGPT 发布！唐杰团队打造，专对中文优化，还能把握最新新闻动态 . 量子位 .2023.3.18.

（3）昆仑芯 2 代人工智能芯片：文心一言的芯片层核心能力

采用自研 XPU-R 架构，通用性和性能显著提升；拥有 256 TOPS@INT8 和 128 TFLOPS@FP16 的算力水平，较 1 代芯片提升 2 ~ 3 倍，保障文心一言的算力需求。

8.4.4 阿里通义千问

2023 年 4 月 7 日，阿里版 ChatGPT 产品通义千问开启内测邀请。早在 2022 年 9 月，阿里达摩院曾发布过通义大模型系列。据透露，阿里版 ChatGPT 正是基于通义大模型体系进行融合升级的。据报道，这次推出的通义大模型底座基于统一学习范式 OFA 等底层技术打造，具备了能完成多种任务的“大一统”能力：不引入新增结构，单一模型即可同时处理图像描述、视觉定位、文生图、视觉蕴含、文档摘要等十多项单模态和跨模态任务。升级后，更是可以处理包括语音和动作在内的三十多种跨模态任务。

8.4.5 腾讯混元大模型

2023 年 3 月，信息检索领域国际顶级学术会议 WSDM

（Web Search and Data Mining）宣布了 WSDM CUP 2023 竞赛成绩。腾讯的研究团队在无偏排序学习和互联网搜索预训练模型赛道上的两项任务中获得冠军（见图 8-1）。

The 16th ACM International Conference on
Web Search and Data Mining
27 February 2023 to 3 March 2023

First Prize

WSDM Cup: Unbiased Learning for Web Search and Pre-training for Web Search

Xiangsheng Li and Xiaoshu Chen
(Tencent Machine Learning Platform Search)

General Chair
Tat-Seng Chua

General Chair
Hady W. Lauw

图 8-1　腾讯混元大模型研究团队获得冠军

数据标注成本一直是阻碍人工智能发展的障碍之一，如何从技术上利用无标注数据训练模型已成为业界关注焦点。本次比赛，针对基于搜索的预训练任务（Pre-training for Web Search），腾讯团队通过大模型训练、用户行为特征去噪等方法，在点击日志上进行基于搜索排序的模型预训练，进而使模型有效地应用到下游相关性排序的检索任务中。

在无偏排序学习任务（Unbiased Learning to Rank）中，团队通过深入挖掘点击日志信息，充分利用包括文档媒体类型、文档展示高度和点击后的滑屏次数等特征对文档相关性进行无偏估计，提出了一种能够集成多种偏置因素的多特征集成模型，有效地提升了搜索引擎中文档排序的效果。

夺冠团队的成果均基于腾讯混元人工智能大模型和太极机器学习平台实现。目前，通过联合微信搜索团队，两项技术已经在微信搜一搜等多个场景落地相关技术，并取得了显著的效果提升。

此外，2021 年，清华大学的孙茂松团队发布机器中文语言能力评测基准——智源指数，以评测和推动中文自然语言模型发展。其中，人工智能写诗模型“九歌”在训练过程中学习了 80 万首中国古诗。

清华大学与阿里达摩院联合发布了中文多模态预训练大模型 M6，其训练能耗仅是 GPT-3 的 1%。但同时，高质量中文数据已成为我国大模型发展的阻碍之一。互联网上英文资源是主流，以 GPT-3 为例，维基百科、开放图书、Stack Exchange 技术问答社区、Github 代码、arXiv 论文、RealNews 新闻存档、PubMed 医疗数据等都是 GPT 训练数据的来源。而 Common

Crawl 作为一个开放的互联网数据存档平台，中文占比仅有 5%。因此，缺少高质量的中文数据已成为困扰中文大模型训练研究的主要问题之一。由于中文语料数量不够多，获取的深度中文知识较少，因此人工智能工具对中文的理解和问答效果也会不如英文，经常会出现常识性错误。ChatGPT 在前期通过免费开放来吸引大量用户，这些用户又会产生大量新的数据，从而不断去改进模型，实现了先发优势，形成“数据飞轮”效应。而后来者就需要花费更多的精力进行追赶。同时，OpenAI 在人工数据标注方面也投入了大量的精力和时间，这也成为其重要的护城河。

另外，国内芯片企业也在发力，中兴通讯将利用自己的技术优势发布支持大模型训练所需要的人工智能服务器、高性能交换机和 GPU 等产品。同时，中兴通讯还将自研人工智能加速芯片，降低整个推理成本，将大模型的想法落实到关键生产能力上。目前，中兴通讯已经宣布和百度合作，中兴通讯的服务器将支持百度文心一言大模型的落地，为人工智能产品应用提供算力支撑。